Ina Sperl

Wildobst

Schlehe, Hagebutte und Co.
für meinen Garten

Ulmer

Inhalt

Die 40 besten Wildobstarten 79

● Naturgarten ● Küchengarten ● Familiengarten

Service 161

Was ist Wildobst?

Kleiner, herber, manchmal sogar richtig sauer oder mit einer bitteren Note. Und doch ein Aroma, das zu probieren lohnt. Wildobst ist nicht wie andere Früchte. Nicht wie die Äpfel aus dem Supermarkt, die Erdbeeren vom Straßenstand oder die Kirschen aus Nachbars Garten. Es ist ungezähmt. Nicht so lieblich, nicht so ergiebig. Manches wächst quasi in den Mund wie die Mini-Kiwi. Manches zergeht auf der Zunge, anderes wiederum will gebeten werden, damit es seinen vollen Geschmack entfaltet.

Ungezähmtes für den Garten

Wildäpfel nehmen den Sommer über Farbe an. Viele sind essbar. Wenn nicht geerntet wird, bleiben sie lange an den Zweigen hängen. Erst gegen Ende des Winters holen die Vögel die Früchte.

Wenn die Rose verblüht ist, bleiben die Hagebutten. Sie sind nicht nur dekorativ, sondern bieten auch Vögeln und Nagetieren Nahrung. Hagebutten lassen sich auch zu Marmelade verarbeiten.

Hagebutten und Holunderbeeren, Mehlbeeren und Schlehen werden seit Jahrhunderten genutzt. Mispeln gehörten einst in jeden Garten, bis sie in Vergessenheit gerieten. Japanische Weinbeeren sind eher neu in unseren Breiten und kaum bekannt, ähnlich ist es mit den Ölweiden. Wildobst, um das es in diesem Buch geht, kann so vertraut sein wie die Brombeere, aber auch so unbekannt wie die Pawpaw. Das Spektrum ist breit, reicht vom Allerweltsgehölz bis zu aus unserer Sicht exotisch anmutenden Pflanzen. Sie alle sind interessant für den Garten – sei es, weil sie gut schmecken, einen ökologischen Nutzen haben oder besonders robust und pflegeleicht sind. Viele der Gehölze brauchen nur wenig Aufmerksamkeit, wenn sie sich einmal etabliert haben.

Doch was genau ist Wildobst? Strenggenommen handelt es sich um Pflanzen, die sich ohne menschliches Zutun entwickelt haben: Sämlinge von wilden Äpfeln zum Beispiel. Reine Wildformen sind mitunter jedoch nicht mehr eindeutig zu identifizieren, denn oft kreuzen sich auch Kultursorten in die Pflanzen ein. Auslesen sind oft weniger bitter oder sauer, ergiebiger oder einfacher zu ernten. Der Begriff Wildobst umfasst daher sowohl reine Wildformen als auch Sorten, die züchterisch wenig bearbeitet sind.

Bei einigen der Pflanzen ist es einfach. Von der Vogel-Kirsche oder der Japanischen Weinbeere gibt es keine Sorten. Von anderen sind Hobbygärtnern bisher vor allem die Zierformen bekannt, bei Mehlbeeren und Traubenkirschen zum Beispiel. Doch auch von ihnen gibt es Sorten, die den Ziergehölzen in nichts nachstehen, aber den Vorteil haben, essbar zu sein. Bei anderen Gehölzen wurden Sorten ausgelesen, die den Wildcharakter noch weitgehend unverfälscht in sich tragen, doch größere Früchte haben – Kornelkirschen etwa. Andere Sorten schmecken im Gegensatz zu ihren kleinen wilden Verwandten wirklich gut, wie es bei der Kamtschatka-Heckenkirsche der Fall ist. Sie dürfen in diesem Buch ebenso auftauchen wie Mispelsorten, die seit Jahrhunderten ausgelesen wurden, wie alte Sorten von Wald-Erdbeeren oder Johannisbeeren. Denn verwertbarer Ertrag ist auch bei Wildobst wünschenswert, selbst wenn die Ernte getrost den Tieren überlassen werden kann – falls die Muße fehlt oder der Urlaub in der Zeit liegt, wenn die Früchte reif werden.

In diesem Buch werden Pflanzen vorgestellt, die bei uns gut gedeihen können und sich verwerten lassen. Die meisten fruchten problemlos, bei manchen braucht es Fingerspitzengefühl und Geduld. Viele von ihnen stammen aus außereuropäischen Regionen – sie fühlen sich auch hier wohl, so lange ihnen Klima und Boden behagen. Manche sollten gut im Auge behalten werden, denn sie können sich verbreiten und das ökologische Gleichgewicht gefährden. Einige wie die Kartoffel-Rose tun das seit langem und werden inzwischen als invasive Art bekämpft. Doch die meisten aller Neophyten, also der Pflanzen, die erst nach der Entdeckung Amerikas 1492 in unsere Breiten kamen, sind harmlos. Nur etwa jede zehnte Art gilt als problematisch.

Es gibt so viele interessante Pflanzen, nur so wenige passen in ein Buch. Dieses erhebt keinen Anspruch auf Vollständigkeit, doch lassen Sie sich anregen! Die Früchte sind den drei Kapitelschwerpunkten Natur, Küche und Familie zugeordnet, was aber kein Ausschlusskriterium sein soll. Die Mispel passt auch in den Familiengarten, die Mahonie in den Naturgarten und die Wildrose in den Küchengarten. Welchen Garten Sie auch haben mögen – wagen Sie sich an das Ungezähmte, es lohnt sich!

Wildobst für den Naturgarten

Hummeln finden ersten Nektar in den Blüten von Scheinquitten und Kirschpflaumen. Amseln, Rotkehlchen und Singdrosseln lieben Ebereschen, Apfelbeeren und Berberitzen. Hänflinge und Grasmücken nisten gerne in Hecken – je mehr Dornen, desto sicherer der Nistplatz. Wer Wildobst pflanzt, schafft Nischen im Garten, die in der Umwelt immer seltener werden. Das kommt den Tieren zugute, aber auch den Gärtnern, die sich ein Stückchen Natur ans Haus holen.

Leben im Gehölz

Genug Früchte für Tiere und Menschen: In einer Wildobsthecke darf alles durcheinanderwachsen – je dichter, desto besser für die Vögel. Geschnitten wird so eine Hecke nicht, sie entfaltet sich zu allen Seiten.

Die Hecke am Feldrand ist im Juli voller Leben: Vögel stibitzen Beeren, Insekten umschwirren die Wilden Möhren, die am Saum blühen. Heuschrecken springen auf. Im sicheren Bau unter der Erde leben Mäuse und andere Nager, denn hier gibt es Futter genug. Der große Schlehdorn hat bereits Früchte angesetzt, noch sind sie grünlich, tragen erst einen Hauch von Blau. Auch die Früchte des Weißdorns verfärben sich erst in ein paar Wochen. Doch an den langen Ranken der Brombeeren, die sich durch dieses Stückchen Wildnis ziehen, sitzen bereits erste reife Früchte. An einem Baum hängen kleine Äpfel, und auch eine Birne hat sich angesiedelt, vielleicht sogar ohne menschliches Zutun.

Solche Wildobsthecken sind nicht mehr allzu häufig zu finden. Hier wächst alles neben- und durcheinander, die Pflanzen suchen sich ihren Platz. Für Tiere sind sie Zufluchtsort, Lebensraum und Futterstelle. Die Hecke sieht „natürlich“ aus, obwohl sie sich mitten in einer Kulturlandschaft bestellter Felder befindet. Sie grenzt die Äcker voneinander ab, bricht den Wind. Sie nimmt Raum ein und kann mehrere Meter breit sein. Vor allem Gehölze wie der Schleh- und der Weißdorn werden groß. In einen Reihenhausgarten lässt sich so eine Hecke nicht pferchen. Glücklicherweise gibt es für solche Grundstücke andere Lösungen. Wildobstgehölze können auch als Einzelsträucher oder als Spalier, manche sogar im Topf in den Garten geholt werden.

Manchmal möchte die Sehnsucht nach der Natur durch eine etwas wildere Anmutung befriedigt werden. Manchmal soll auch das Wohlergehen der Tiere im Mittelpunkt stehen. Vögel brauchen nicht nur Futter, sondern auch einen Platz zum Nisten. Kleine Säugetiere wie die Haselmaus bauen sich gerne ihren Kobel in Büschen in der Nähe von Futterpflanzen wie der Haselnuss. Und Insekten finden Nektar in den Blüten.

Vom ökologischen Gedanken einmal abgesehen, bietet Wildobst auch einen ästhetischen Genuss. Die zarten Blüten der Felsenbirne, das leuchtende Rot oder Lachsrosa der Scheinquitten, die weißen Wolken der Wildäpfel im Mai sind Fixpunkte im Frühjahr. Im Herbst entsteht ein ganz anderes Bild: Die Beeren leuchten zwischen dem gelb werdenden Laub und sind eine natürliche Dekoration, ehe sie von den Tieren – oder den Menschen – verzehrt werden.

GÄRTNERWISSEN

Eine Hecke, viele Zwecke

Hecken dienten einst zur Abgrenzung von Feldern: Schon im Mittelalter boten sie dem Acker Schutz, lieferten aber auch Brennholz. Eine klassische Hecke besteht aus der Kernzone mit Bäumen wie Ahorn, einer Mantelzone mit Sträuchern wie Weißdorn oder Hunds-Rosen und einem mit Gras und Kräutern bewachsenen Saum. Wird eine solche Hecke nicht gepflegt, geht ihre Struktur verloren. Die Bäume wachsen heran und nehmen den anderen Pflanzen das Licht. Dass es heute auf landwirtschaftlichen Flächen nur noch wenig Hecken gibt, ist unter anderem der Flurbereinigung in den 1960er- und 1970er-Jahren geschuldet.

Die Blüte im Frühjahr verwandelt die Gehölze in duftende weiße Wolken. Darin finden Insekten Nektar. Für Menschen ist es ein ästhetischer Genuss, der leider meist allzu schnell vorbei ist.

Insektenhotels sind meist flugs bezogen. Durch menschlichen Einfluss haben sich die Lebensbedingungen der Tiere stark verändert. Da kommt jede Hilfe gelegen – ob im großen oder im kleinen Garten oder sogar auf dem Balkon.

Natur und Garten

Das Label „Naturgarten" ist schnell zur Hand, wenn insektenfreundliche Stauden in die Beete gepflanzt oder Igelhäuser aufgestellt werden. Doch birgt der Begriff nicht einen Widerspruch in sich? Kein Garten, wie er auch gestaltet sein mag, ist natürlich: Immer waren Menschen am Werk. Das Gärtnern ist eine kulturelle Handlung, genau wie Teekochen oder Lesen. Vorausgesetzt, es gibt sie überhaupt, die Trennung von Natur und Kultur – diese so fest in unserem Denken verankerten Kategorien. Natur gilt als das Unberührte, von Menschenhand möglichst nicht Beeinflusste. Dafür soll der Begriff auch in diesem Buch stehen. Doch ist es ein eigenartiger Gedanke, sich als Mensch außerhalb des Gesamtgeschehens zu stellen. Immerhin sind wir mittendrin als treibende Kraft. Natur ist ein Konzept, das der Abgrenzung von menschlichem Verhalten dient. Doch ist es im 21. Jahrhundert eine Illusion, eine solch unberührte Natur noch finden zu können – zumindest in Europa, wenn nicht weltweit. Längst wirkt sich menschliches Handeln auch dort aus, wo nicht konkret eingegriffen wird. Pflanzen breiten sich entlang der Autobahnen aus, ihre Samen werden vom Fahrtwind erfasst und in Regionen transportiert, in denen sie vorher nicht wuchsen. Vieles, was längst als heimisch angesehen wird, wurde einmal bewusst angesiedelt. Die Kartoffel-Rose etwa, die heute stellenweise bekämpft wird, weil sie heimische Arten verdrängt, aber auch der Schmetterlingsflieder oder der Bocksdorn, die so ausbreitungsfreudig sind, dass sie als potenziell invasiv gelten.

Die Sehnsucht nach einer möglichst unberührten Natur ist heute groß. Einst war der Garten – dem wilden Land in harter Arbeit abgetrotzt – eine Errungenschaft. Hier sollte alles nach der Vorstellung des Menschen wachsen, durch Mauern oder Zäune vor Tieren aus der Umgebung geschützt. Renaissance und Barock brachten großartige, kunstvoll gestaltete Gärten hervor, abgelöst von den natürlich aussehenden, doch nicht weniger minutiös geplanten Landschaftsgärten des 18. Jahrhunderts. Am Haus wurden Blumen und Gehölze kunstvoll zusammengestellt, Formschnitt und Teppichbeete gehörten lange zum Bild. Doch schon im 19. Jahrhundert gab es andere Ideen und den Wunsch, die Beete natürlicher zu halten: Der Ire William Robinson entwickelte seine Vorstellung eines wilden Gartens in der viktorianischen Zeit, in der Exotisches en vogue war. Er bevorzugte einheimische Stauden, die den Beeten ein anderes Gesicht geben sollten und sie pflegeleichter machten. Ähnlich dachte Garteninspektor Willy Lange, der Anfang des 20. Jahrhunderts in Deutschland tätig war. Die Natur, die umgebende Landschaft, diente ihm als Vorbild für den Garten. Auch er rückte einheimische Gewächse in den Blick. Dass dieser scheinbar harmlose Ansatz auch eine politische Dimension hat, zeigt sich daran, dass Lange diese Ideen mit nationalsozialistischem Gedankengut mischte. Auch heute noch gibt es unglücklicherweise zuweilen Berührungspunkte von Naturgartenidealismus und brauner Ideologie, wenn es darum geht, dem Heimischen den Vorzug zu geben. Die jüngere Wissenschaft der Lebensbereiche der Pflanzen, erforscht von Richard Hansen, ist dagegen generell offen – bei aller Wachsamkeit potenziell invasiven Pflanzen gegenüber: Das Fremde ist willkommen, wenn es hier ähnliche Bedingungen vorfindet wie in seiner Heimat.

Die Naturbewegung im Hausgarten hat Wurzeln, die bis ins frühe 20. Jahrhundert reichen, erlebte aber einen Aufschwung in den 1980er-Jahren. Vereine gründeten sich, die möglichst artenreiche, langlebige Gärten erschaffen wollten, in denen ein ökologisches Gleichgewicht herrscht. Gärtner stehen in der Verantwortung, zur Artenvielfalt beizutragen und möglichst viel „Natur" zu erhalten. Die Ökologie spielt eine immer wichtigere Rolle im Garten, seit sich die Lebensbereiche der Tiere verändern. Hecken in der Landschaft oder Brachen, sprich, Räume, in denen ungestörtes Leben möglich ist, werden seltener. Daher kommt die gegenwärtige Mode eines natürlich aussehenden Gartens auch den Tieren entgegen. Gärten mit Gräsern und Wildstauden, die Insekten anziehen, sind seit einigen Jahren im Trend. Mag hier auch die Ästhetik im Vordergrund stehen – das Ökologische wird immer öfter mitgedacht. Gerne wird gepflanzt, was Bienen nützt. Und das bezieht sich nicht nur auf Wildstauden und doldige Kräuter, sondern auch zunehmend auf Gehölze, die mit ihren Früchten einen naturnahen Charakter haben.

Mitten in der Natur sein: Der Garten darf heute gerne möglichst wild aussehen. Bei guter Planung kann ein ökologisches Gleichgewicht entstehen, sodass weniger Pflege nötig ist und mehr Zeit zum Ausruhen bleibt.

Wer den Garten im Herbst nicht zu sehr aufräumt, überlässt den Tieren Nahrung in Form von Kernen und Samenkörnchen. Kleine Lebewesen finden in Laub und Stängeln einen geeigneten Ort zum Überwintern.

Dynamisches Miteinander

Hier stehen die trockenen Köpfchen der Sonnenhüte im Beet, dort liegt ein Haufen toten Holzes. Im Naturgarten herrscht eine andere Ästhetik als im typischen Vorgarten. Für manche ist sie gewöhnungsbedürftig, manche atmen auf, dass eine andere Ordnung als im Haus gelten darf. Denn der Garten gehört nicht den Menschen allein. Pflanzen und Tiere machen ihn aus, und sie haben eigene Bedürfnisse.

Ein Naturgarten ist dynamisch. Wer naturnah gärtnert, greift lenkend ein, kontrolliert jedoch nicht so stark wie im konventionellen Garten. Veränderungen sind erlaubt. Pflanzen dürfen sich aussäen, womöglich durch Ausläufer selbst verbreiten, so lange sie anderen damit nicht zu sehr in die Quere kommen. Brennnesseln oder Giersch, die sonst so ungeliebt sind, werden Ecken überlassen, wo sie niemanden stören. Immerhin sind Brennnesselblätter Nahrung für die Raupen des Tagpfauenauges, und die Dolden des Giersch werden von Schwebfliegen besucht.

Gegärtnert wird mit der Natur, nicht gegen sie: Die Pflanzen werden dem Standort entsprechend ausgewählt und in gute, passende Nachbarschaft zueinander gesetzt. Meist wird der Schwerpunkt bei der Anlage des Naturgartens auf Stauden gelegt. Mit ihnen lassen sich Beete gestalten, viele von ihnen locken Insekten an. Doch Gehölze haben genauso viel zu bieten – und sie sind nachhaltig, da meist sehr langlebig. Weißdorn, Wildapfel, Hunds-Rose: Sie sind nicht nur ökologisch wertvoll, sondern passen zur Ästhetik. Meist sind sie wenig anspruchsvoll, was ihren Standort betrifft, doch haben auch sie Vorlieben. Die Ölweide kommt zum Beispiel gut mit Trockenheit zurecht, während die Filzkirsche feuchteren Boden mag. Der Weinbergpfirsich braucht ein warmes Klima, die Heckenkirsche ist sehr frosthart. Mispeln gedeihen auf kalkhaltigem Boden, auf dem sich Blaubeeren schwer tun: Sie brauchen saure Erde. Ziel ist es, möglichst wenig offenen Boden zu haben, damit die Erde nicht auslaugt. Mulch hält die Feuchtigkeit und Kräuter wie Ehrenpreis oder Vogelmiere lassen sich gut tolerieren.

Kompost spielt eine zentrale Rolle im Naturgarten. Er entsteht aus den Materialien, die in den Beeten anfallen, sei es Grünschnitt, Laub oder ausgezupftes Unkraut. Die darin enthaltenen Stoffe werden der Erde zurückgegeben. Kompost trägt zur Bodenverbesserung bei, oft reicht er auch als Dünger aus. Torfhaltige Erde wird nicht verwendet. Auch Chemie bleibt außen vor, denn wenn der Garten artenreich ist, kann ein Gefüge entstehen, in dem sie überflüssig ist. Mineralischer Dünger und Pflanzenschutzmittel sind tabu, werden aber auch meist nicht gebraucht, da sich vieles von selbst regelt, wenn eine große Vielfalt gegeben ist. Tauchen Blattläuse auf, lassen Marienkäfer und Florfliegenlarven, die sich von ihnen ernähren, meist nicht allzu lange auf sich warten. Igel vertilgen viele Schnecken. Daher sollte der Garten mit Laub- und Totholzhaufen möglichst igelfreundlich gestaltet werden. Wo viele Vögel und Laufkäfer sind, werden Raupen dezimiert. Gute Mittel zur Stärkung gibt der Garten selbst her. Eine Brühe aus Ackerschachtelhalm hilft gegen Läuse, aber auch gegen Pilzerkrankungen oder Mehltau. Jauche aus Brennnesseln enthält viel Stickstoff, nährt und stärkt Obstgehölze.

GÄRTNERWISSEN

Für starke Pflanzen: Brühe und Jauche

Eine Brühe zieht nur kurz und stärkt, eine Jauche enthält mehr Nährstoffe und düngt. Brühe wird verdünnt angewendet, meist im Verhältnis von 1:5 oder 1:10. Es eignen sich zum Beispiel Ackerschachtelhalm, Rainfarn oder Schafgarbe als Stärkungsmittel, Beinwell und Brennnessel als Dünger oder zur Stärkung.

So wird's gemacht: 1 kg grob zerkleinerte Pflanzen in einem Eimer mit 10 l Wasser ansetzen. Mindestens einen Tag ziehen lassen. Für eine Brühe dann im großen Topf – oder portionsweise – eine halbe Stunde lang kochen, danach abseihen. Die abgekühlte Flüssigkeit in saubere Flaschen füllen. Für eine Jauche die Pflanzen etwa zwei Wochen lang an einem sonnigen Ort im Wasser lassen. Sie vergären, was unangenehm riechen kann. Das ist beim Aufstellen des Gefäßes zu beachten! Jeden Tag muss umgerührt werden. Die Brühe ist fertig, wenn keine Bläschen mehr aufsteigen. Brühe wird verdünnt gegossen oder zur Stärkung gesprüht, Jauche unverdünnt angewendet.

Der Blick für das Ganze

Für Vögel sind Beeren eine wichtige Nahrungsquelle. Ganz nebenbei sorgen sie auch für die Verbreitung der Gehölze, indem sie den Samen wieder ausscheiden.

Im naturnahen Garten ist der gesamte Kreislauf im Blick, nicht nur das Wohlergehen der Pflanzen in einem Beet, ob Gemüse oder Rosen. Wer die Insekten schützt, lockt dadurch auch die Vögel an. Daher bleiben zum Beispiel im Herbst auch die trockenen Samenstände an Stauden stehen – sie dienen vielen Kleinstlebewesen im Winter als Schutz.

Insekten sind Tausende von Jahren bestens ohne die Unterstützung von Menschen zurechtgekommen. Durch menschlichen Einfluss haben sich allerdings ihre Lebensbedingungen verändert. Heute fliegt im Vergleich zu den 1990er-Jahren nur noch ein Bruchteil der Menge an Bienen, Fliegen und Käfern durch die Lüfte: Der NABU in Nordrhein-Westfalen zum Beispiel beklagt, dass in den vergangenen 20 Jahren die Biomasse aller fliegenden Insekten um bis zu 80 Prozent zurückgegangen ist. Auch das Bienensterben, das in verschiedenen Ländern beobachtet wird, gibt Anlass zur Besorgnis. Umso wichtiger ist es, Pflanzen in den Garten zu setzen, mit denen Insekten mehr anfangen können als zum Beispiel mit Kirschlorbeer oder dicht gefüllten Zierkirschblüten. Holunder, Vogel-Kirsche oder Weißdorn sind eine gute Wahl, wenn es um Insektennährgehölze geht. Ihre Früchte bieten Tieren im Herbst Nahrung. Mag jeder einzelne Garten noch so klein sein – die Masse aller Privatgärten zusammengenommen ist beträchtlich und jeder hilft ein bisschen.

Wenn genügend Platz für eine größere Auswahl vorhanden ist, können die Pflanzen so zusammengestellt werden, dass eine möglichst lange Blüh- und Fruchtperiode entsteht: Kirschpflaumen und Scheinquitten gehören zu den ersten, die im Jahr blühen. In ihren Blüten finden Bienen und Hummeln Nahrung. Die Blaue Heckenkirsche bringt ab Ende Mai die ersten Früchte, gefolgt von der Felsenbirne. Apfelbeeren werden von den Vögeln im August vertilgt, Hagebutten und Wildäpfel bleiben bis zum Winterende hängen.

Im Mai steht der Weißdorn in voller Blüte. Bienen und Hummeln mögen den Nektar, aber auch Schmetterlinge. Den Sommer über entwickeln sich die kleinen apfelähnlichen Früchte. Blüten wie Früchte eignen sich für Tees.

Gefundenes Fressen

Je dichter eine Blüte, desto schwieriger ist es für Insekten, hineinzugelangen. So attraktiv gefüllte Rosen oder Storchschnäbel sein mögen: Bienen und Hummeln gehen bei diesem Vergnügen meist leer aus. Auch viele der weitverbreiteten Gartengehölze wie Rhododendron und Forsythien haben den Insekten wenig bis nichts zu bieten. Die Tiere finden keinen Nektar oder können die Blüten nicht bestäuben, und so gibt es auch keine Früchte. Aus ökologischer Sicht ist das ein Verlust, denn an dieser Stelle hätte eine Pflanze wachsen können, die mehr Nutzen bringt – ohne weniger schön zu sein.

Bienen und Hummeln, aber auch Fliegen und Käfer profitieren von der Blüte der Wildobstgehölze. Brombeeren und Wildrosen, aber auch Schleh- und Weißdorn haben viel Nektar. Kleine Säugetiere fressen junge Triebe, Knospen, Blätter und manchmal Wurzeln der Gehölze, aber auch die Früchte. Haselmaus und Siebenschläfer lieben zum Beispiel Kornelkirschen, bei Steinmardern stehen Hagebutten auf dem Speiseplan.

Für viele Vögel gehören die Früchte zu den wichtigsten Nahrungsmitteln: Brombeere und Felsenbirne, Holunder, Kornelkirsche, Traubenkirsche und Weißdorn sind die beliebtesten. Vor allem Amsel, Blaumeise, Elster, Fitis, Grasmücke, Grauschnäpper, Kleiber, Kernbeißer, Nachtigall, Rotkehlchen, Singdrossel und Zilpzalp ernähren sich von Beeren. Star, Drossel, Grünfink oder der Zeisig mögen auch gerne Hagebutten.

Das gefundene Fressen: Viele Vögel ernähren sich von Früchten. Weißdorn, Traubenkirsche, Felsenbirne und Holunder sind beliebt. Im Winter sind es die Schlehen, die noch an den Zweigen hängen.

Wildobstgehölze sind aber nicht nur für die Nahrung, sondern auch als Lebensraum interessant. Strauchbrüter nisten sich gerne in Hecken ein, viele bevorzugen unterschiedliche Reviere. Während Hänflinge, Neuntöter und Buchfinken am liebsten weit oben nisten, fühlt sich die Heckenbraunelle meist auf 1 m Höhe wohl. Rotkehlchen und Zaunkönig, Grasmücke und Zilpzalp bleiben lieber in Nähe des Bodens und bauen ihr Nest tief im Inneren der Gehölze. Dorniges wie Schlehdorn bietet besonderen Schutz.

GÄRTNERWISSEN

In dieser Hecke piept´s!

Eine Vogelschutzhecke wird möglichst dicht gepflanzt, damit ein Dickicht entsteht, in dem die Tiere Lebensraum finden. Sie sollte mindestens 2, besser sogar 3 m Tiefe haben. Sie braucht Platz und lässt sich nur bei großen Grundstücken anpflanzen. Struktur geben groß werdende Gehölze wie Ebereschen oder Traubenkirschen, dazu werden Holunder, Weißdorn, Haselsträucher und Kornelkirschen gesetzt. Auch Wildrosen passen dazu. In solchen Gehölzen finden Vögel gute Lebensbedingungen. Dornen sind von Vorteil, um vor Angreifern zu schützen. Im Laub gibt es Nahrung in Form von Würmern und Kerbtieren. Die Gehölze werden eng gepflanzt und nicht geschnitten. Sollen die Früchte auch verwertet werden, wird die Hecke etwas luftiger gesetzt und eventuell ausgelichtet, damit man besser ernten kann.

Der Siebenschläfer ernährt sich von Früchten: Ebereschen, aber auch Kornelkirschen holt er sich gerne. Wer solche Gehölze in den Garten integriert, wertet ihn ökologisch auf.

Ein bisschen Wildnis darf sein

Im Mai hängt die Berberitze voller Früchte, die allmählich Farbe annehmen. Der Strauch wird sehr groß und bildet schnell Dickichte. Aber am Spalier lässt er sich im Zaum halten und passt dann auch in den kleineren Garten.

Wildobst ist eine gute Wahl, wenn es darum geht, den Garten ökologisch aufzuwerten. Viele der üblichen Gehölze wie Buchsbaum und Thuja sehen zwar vielleicht nett aus, doch haben Tiere weniger Nutzen von ihnen. Außerdem verändern die laubabwerfenden Sträucher und Bäume das Gartenbild, im Gegensatz zu den Immergrünen, die weitgehend gleich bleiben. An Apfelbeeren oder Felsenbirnen lassen sich die Jahreszeiten ablesen: Sie blühen im Frühjahr, sie bekommen Früchte und darüber hinaus noch eine bunte Herbstfärbung, ehe sie dann ihr Laub verlieren. Im nächsten Frühling beginnt der Zyklus von neuem.

Der Garten muss nicht groß sein, um Wildobst integrieren zu können. Wenn kein Platz für eine Hecke oder einen Baum ist, lassen sich kleine Gehölzgruppen oder Solitärsträucher pflanzen – und manches passt sogar in einen Balkonkübel. Bei der Auswahl immer auf die Größe und Umfang sowie den Verbreitungsdrang der Pflanzen achten: Schlehen und Sanddorn wollen sich Raum erobern, Apfelbeeren bescheiden sich mit etwa 1 m². Sträucher sind eher schnell in den Garten geholt. Die Entscheidung, einen Baum zu pflanzen, ist eine ganz andere und will gut abgewogen sein. Hier blickt man in die ferne Zukunft. Bis ein Bäumchen herangewachsen ist, vergehen Jahrzehnte, selbst bis zur ersten Ernte kann es mitunter viele Jahre dauern. Diese zeitliche Dimension macht den Baum besonders. Er lebt voraussichtlich länger als derjenige, der ihn gepflanzt hat. Wie wird der Garten dann aussehen, wie die Häuser? Wer wird ernten?

Wildobst im Topf

Einige Wildobstpflanzen kommen auch im Topf zurecht, brauchen allerdings viel Platz für die Wurzeln. Damit ein Wildapfel gedeihen kann, sind mindestens 50 l Erde nötig – und ein sehr großer Pflanzkübel. In Gefäßen mit rund 40 l wachsen Berberitze, Felsenbirne und Filzkirsche auch auf dem Balkon. Mit etwas weniger, einem 30-l-Topf, kommen Japanische Weinbeeren, Him- oder Johannisbeeren aus. Bei wenig Platz eignen sich Heidelbeeren oder Wald-Erdbeeren. Alle Pflanzen im Topf sind stark auf menschliche Hilfe angewiesen. Sie brauchen stets genügend Wasser, zunächst aber einmal gute Erde – torffreie am besten. Ideal ist zum Beispiel Dachsubstrat, das für die intensive Begrünung von Dächern, etwa mit Stauden und Gehölzen, entwickelt wurde. Es hält sowohl Wasser als auch Nährstoffe gut. Pflanzen in Töpfen sollten jedes Frühjahr gedüngt werden: Pro Liter Erde etwa 5–10 g organischen Dünger zugeben.

Für den kleinen Garten

Selbst wenn kein Platz für eine ausladende Vogelschutzhecke ist: Wildobst lässt sich auch in einen kleinen Garten integrieren. Viele Gehölze haben Insekten, Vögeln und Menschen etwas zu bieten – und sehen bei der Blüte im Frühjahr, mit dem Fruchtbehang im Sommer und vielleicht mit einer Herbstfärbung auch noch schön aus. Dazu gehören zum Beispiel die Felsenbirne oder auch die Apfelbeere. Die Apfelbeere lässt sich etwas kleiner halten als die Felsenbirne, sie wird 2–3 m hoch, während die Felsenbirne je nach Sorte auch um das 3-fache in die Höhe wachsen kann. An beiden naschen gerne Vögel – die Tiere kommen den Menschen meist zuvor.

Wildäpfel und Berberitzen passen ebenfalls in den nicht allzu großen Garten. Die zierlichen Wildapfelbäume sind nicht nur im Frühjahr zur Blütezeit eine Zierde, sondern auch später im Herbst, wenn sich die Zweige unter der Last der gelben

Wildäpfel, zum Beispiel die Sorte 'Hopa' mit ihren roten Früchten, gedeihen auch im Pflanzkübel auf der Terrasse oder dem Balkon. Der Topf sollte allerdings großzügig bemessen sein und mindestens 50 l Erde fassen.

und roten Äpfelchen biegen. Meist werden die Äpfel von Vögeln verschmäht, bis diese nichts anderes mehr im Garten finden. Berberitzen sind dornig und können schnell ein Dickicht bilden, was nistenden Vögeln Schutz bietet. Im Garten muss es allerdings im Auge behalten werden, wenn noch anderes dort wachsen soll. Ähnlich ist es bei Wildrosen: Besonders wehrhaft ist die Zaun-Rose (*Rosa rubiginosa*), besonders robust die Kartoffel-Rose (*Rosa rugosa*), dekorativ die Hunds-Rose (*Rosa canina*). Sie eignen sich für Wildrosenhecken, die auch einen Schnitt vertragen. Alle bekommen Hagebutten, die im Herbst Nahrung für Vögel und kleine Säugetiere bieten.

Wenn das Grundstück größer ist

Bei mehr Platz gibt es meist mehr Gestaltungsspielraum – hier lassen sich raumgreifendere Gehölze pflanzen, zum Beispiel Weißdorn. Dazu gehören auch der schnell wachsende Holunder und die Mehlbeere, die viele Jahre braucht, um sich zu einem 10 m hohen Baum zu entwickeln. Auch die Traubenkirsche und die Vogel-Kirsche wachsen hoch, ihre Früchte sind zwar essbar, werden doch meist lieber den Tieren überlassen, weil sie bitter schmecken.

Schlehdorn und Sanddorn sehen schön aus, treiben aber Ausläufer. Vielleicht ist der Garten jedoch so groß, dass sie sich dort entwickeln dürfen. Schlehdorn blüht im Frühjahr üppig und bekommt blau bereifte Beeren, die erst nach starkem Frost essbar werden. Damit Sanddorn fruchtet, müssen mindestens eine männliche und eine weibliche Pflanze gesetzt werden. Selbst wenn man das Sanddornaroma mag: Die gelb- bis orangefarbenen Früchte sind schwer zu ernten, sodass mancher sie dann doch den Vögeln überlässt.

Eine wilde Hecke pflanzen

Wer eine Wildobsthecke pflanzt, braucht viel Platz und etwas Geduld. Zu den Früchten muss man sich, wenn die Hecke nach ein paar Jahren dicht eingewachsen ist, erst einmal durchkämpfen. Dafür haben die Tiere umso mehr davon, so soll es ja auch sein!

Die Felsenbirne braucht Licht und Luft, eignet sich daher eher für den Rand einer Hecke. Da sie bis zu 10 m hoch werden kann, kommt sie auch als Solitär im Garten oder als kleiner Hausbaum gut zur Geltung.

Wildobstgehölze nehmen mehr Raum ein als zum Beispiel Eiben oder Thuja, die sich schmal stutzen lassen. Auch werden sie in großzügigem Abstand zueinander gepflanzt, damit sie sich entwickeln können. Die Hecke sollte nicht allzu stark beschnitten werden, um möglichst viele Früchte und Unterschlupfmöglichkeiten für Vögel und kleine Säugetiere zu bieten.

Die Grenze eines größeren Grundstücks eignet sich gut als Ort für eine Hecke. Die Länge lässt sich anpassen, an Tiefe sollten mindestens 2 m gerechnet werden: Ein Holunder zum Beispiel erreicht schnell einen Durchmesser von 2,5 m. Gepflanzt wird in einer Reihe, große oder kleine Gehölze im Wechsel, oder aber im Zickzack versetzt, was mehr Tiefe erfordert.

Die richtigen Gehölze auswählen

Pflanzen stellen bestimmte Ansprüche an Boden, Licht und Nachbarschaft. Zwar ist Wildobst meist robust und anspruchslos, doch benötigen Heidelbeeren zum Beispiel deutlich saureren Boden als Schlehen.

Wer weiß, was Pflanzen brauchen, kann die optimale Kombination für den eigenen Garten finden. Eine klein bleibende Rose oder eine Felsenbirne passen zum Beispiel nicht neben einen groß werdenden Holunder, der die beiden kleineren beschattet: Sie bekommen zu wenig Licht und Platz. Eine Blaue Heckenkirsche dagegen liebt den Schatten und kommt neben dem Holunder gut zurecht. Felsenbirne und Rose fühlen sich am Rand der Hecke wohler.

Die Scheinquitte blüht im März lachsfarben oder rötlich, im Herbst trägt sie leuchtend gelbe Früchte. Sie wächst sparrig, bleibt aber klein und eignet sich sowohl für den Abschluss einer Hecke als auch für den Pflanzkübel

Wildobsthecke „quick and easy"

1. Suchen Sie sich einen Baum als Mittelpunkt für Ihre Hecke aus. Gut eignen sich zum Beispiel eine Eberesche oder ein Wildapfel. Die Eberesche wird mit bis zu 12 m ziemlich hoch, der Apfel bleibt mit maximal 8 m deutlich niedriger.
2. Kornelkirschen können eine gute Ergänzung sein, sie werden 6–8 m hoch und bieten leckere Früchte.
3. Zu den großen Gehölzen kommen kleinere: Apfelbeerensträucher, die ausgewachsen rund 2 m Höhe erreichen, können zu beiden Seiten gesetzt werden.
4. Noch niedriger als die Apfelbeeren bleiben Scheinquitten. Sie wachsen sparrig etwa 1 m in Höhe und Breite und können einen bodennahen Abschluss der Hecke bilden.

An den langen Trieben der Rose sitzen unzählige Hagebutten. Wildobstgehölze können viel Raum einnehmen. Wo nicht so viel Platz zur Verfügung ist, können sie aber auch zurückgeschnitten werden.

Sorgsam Einpflanzen

Beim Pflanzen einer klassischen Hecke – etwa aus Liguster – wird ein Graben ausgehoben. Die Wildobstgehölze sollten jedoch größeren Abstand haben. Daher reicht es, für jede Pflanze ein individuelles Loch auszuheben. Es sollte mindestens doppelt so groß sein wie der Pflanztopf. Den Boden auflockern, die Erde mit Kompost und organischem Dünger vermischen und um den Wurzelballen des Gehölzes geben.

Abstand lassen

Auch wenn die Pflanzen anfangs sehr weit auseinanderzustehen scheinen: Sie brauchen Platz, um sich zu entwickeln und wachsen in wenigen Jahren zusammen. Zu dicht gepflanzt, verkahlen sie im unteren Bereich. Als Faustregel gilt: Pflanzen, die 3 m oder höher werden, auf jeder Seite 2 m Platz lassen. 2 m hohe Gehölze benötigen ringsum etwa 1,5 m Platz.

Wenig Pflegen

Eine Wildobsthecke braucht kaum Pflege. Regelmäßiger Schnitt wie bei anderen Hecken ist nicht notwendig und auch nicht erwünscht, wenn die Gehölze einen Rückzugsort für Tiere bilden sollen. Doch vertragen sie es, gestutzt zu werden, und wenn der Holunder zu raumgreifend wird, kann er durch einen Schnitt im Zaum gehalten werden.

EINFACH & GUT

Sandorn auf Abwegen

Sanddorn kann Ausläufer bilden – je leichter der Boden, desto weiter verbreitet er sich. Daher Sandorn besser nicht in eine Hecke pflanzen, sondern lieber als kleine Gruppe. So lässt sich der Ausbreitungstrieb besser kontrollieren.

Auf tierische Nachbarschaft!

Die besten Wildobstgehölze für den Naturgarten

Apfelbeere

(Aronia melanocarpa)

Sie ist ein Allrounder: Die Apfelbeere trägt im Frühjahr Blüten, die nicht nur gut aussehen, sondern auch Bienen anlocken. Die schwarzen Früchte schmecken verarbeitet gut, können aber auch getrost den Vögeln überlassen werden. Die Apfelbeere wird bis zu 2,5 m hoch und 1 m breit und kann als Solitär gepflanzt werden, gehört aber auch in jede Wildobsthecke. Sie ist frosthart, mag Sonne oder auch Halbschatten, und braucht einen feuchten, nährstoffreichen Boden.

Berberitze

(Berberis vulgaris)

Sie wird groß, ist dornig und kann Dickichte bilden. Das kommt Vögeln zugute, die in der Berberitze einen sicheren Platz zum Nisten finden. Sie fressen auch die Früchte, die im September reif werden und den Menschen meist zu sauer sind. Nach dem ersten Frost werden sie jedoch genießbar und lassen sich verarbeiten. Berberitzen sind Überlebenskünstler. Zwar brauchen sie möglichst viel Sonne, kommen jedoch an den meisten Standorten zurecht – bloß zu kalkhaltig sollte die Erde nicht sein.

Eberesche

(Sorbus aucuparia)

Sie ist auch als Vogelbeere bekannt, was schon alles sagt: Die Eberesche ist eine der Leibspeisen von Vögeln wie Amseln und Drosseln. Doch auch Menschen können sie essen, denn gekocht sind die Beeren genießbar. Im Frühjahr profitieren Bienen von den Blüten, was sie zu einem wertvollen Gehölz zum Beispiel in der Vogelschutzhecke macht. Die Eberesche wird groß, 12 m und mehr sind kein Problem am geeigneten Standort. Sie eignet sich auch als Solitär.

Sanddorn

(Hippophae rhamnoides)

Er ist etwas für den wirklich großen Garten. Der Sanddorn nimmt viel Platz ein, und wenn er fruchten soll, werden sowohl weibliche als auch männliche Pflanzen benötigt. Mit Ausläufern erobert er das Gelände schnell. Dafür sehen seine Beeren bildschön aus – vor allem vor einem blauen Spätsommerhimmel. Auch die Tierwelt freut sich: Vögel fressen die Früchte gerne, die vielen Menschen zu herb und sauer sind und sich wegen der Dornen zudem nur mühsam ernten lassen.

Schlehdorn

(Prunus spinosa)

Robust, groß, ein Dickicht bildend, das Tieren Unterschlupf bietet: Der Schlehdorn ist ein kräftiger Strauch, der Platz braucht und nicht in einen Stadtgarten passt. Die Blüten locken Schmetterlinge an und die schwarzen, äußerst herben Beeren werden im Herbst von Tieren gefressen. Nach dem ersten Frost werden sie süßer und auch für Menschen essbar – oder als Likör genießbar. Der Schlehdorn passt gut in eine wilde Hecke, verträgt Wind und stellt wenig Ansprüche an den Boden.

Weißdorn

(Crataegus monogyna, Crataegus laevigata)

Er ist raumgreifend, ein schöner Solitär, aber auch eine gute Heckenpflanze – beschnitten oder wild wachsend. Im Frühjahr verwandelt sich der Strauch in eine weiße Blütenwolke, die Bienen und Schmetterlingen Nahrung gibt. Die kleinen roten Früchte sind essbar, wenn auch mehligfade. Zwischen den Dornen finden Vögel einen guten Nistplatz. Der Weißdorn ist frosthart, verträgt aber auch warmes Stadtklima und mag eher trockene, kalkhaltige Erde.

Wildapfel

(Malus)

Er ist eine Zierde. Im Frühjahr steht der Wildapfelbaum in voller Blüte, im Herbst hängen die dekorativen Früchte an den Zweigen. Viele schmecken sogar richtig gut. Im kleinen Garten wird er als Solitär gepflanzt, auf dem größeren Grundstück in Gruppen. Bienen, Vögel und andere Tiere profitieren von dem schönen Gehölz. Der Wildapfel kann außerdem Bestäuber für andere Apfelsorten sein. Er braucht volle Sonne und feuchten, nährstoffreichen Boden.

Wildrosen

(Rosa)

Zarte Blüten, die schnell vergehen, viele Stacheln und große rote Hagebutten im Herbst. Wildrosen haben einen ganz eigenen Charme, mit dem sie den Naturgarten bereichern – zum Beispiel als Hecke. Sie bieten vielen Tieren einen sicheren Lebensraum und darüber hinaus Nahrung. Menschen erfreuen sich sowohl am Duft, an den Blüten und an den süßen Früchten, die nicht ganz einfach zu verarbeiten sind, aber den Aufwand lohnen. Rosen mögen eher trockene, nährstoffreiche, lehmige Böden und einen Platz in der Sonne.

Wildobst für die Küche

Tiefrotes Mahoniengelee, Berberitzensaft statt Zitrone, Felsenbirnenkompott oder Scheinquittenmarmelade vom Balkon: Wilde Früchte sind eine kulinarische Bereicherung für die Küche. Sie bergen unbekannte Aromen, schmecken anders – wenn auch nicht so gefällig wie herkömmliches Obst. Manches macht ein bisschen Mühe, doch der Aufwand lohnt. Probieren Sie frische Hagebutten, reife Mispeln, selbst gedörrte Cranberries oder Smoothies aus Kirschpflaumen.

Erfrischend anders

Ölweiden sehen nicht nur schön aus, die runden Beeren sind zwar säuerlich, aber essbar. Sie lassen sich gut zu Saft oder Gelee verarbeiten. Gut schmecken sie auch gemischt mit anderen – zum Beispiel mit Sanddornbeeren.

Früchte aus dem Geschäft haben oft eines gemeinsam: Sie sind ziemlich süß. Bananen gehören zu den beliebtesten Obstsorten, säuerliche Äpfel sind in der Minderheit und selbst Grapefruits sind über die Jahre milder geworden. Ihr rosafarbenes Fruchtfleisch sieht nicht nur gefälliger aus als das gelbe, sondern ist es auch – es enthält weniger Bitterstoffe. Was in die Regale kommt, muss konsensfähig sein und das heißt in der Regel: süß. Der Genuss ist genormt.

Wenn im Sommer das Obst im Garten reif wird, ist die Bandbreite größer. Doch ganz andersartige Geschmackserlebnisse bietet selbst das nicht – viel Neues lässt sich kaum entdecken bei den herkömmlichen Sorten. Anders dagegen das Wildobst: Von lieblich-mild bis zusammenziehend-sauer, von fruchtig-herb bis mehlig ist hier alles möglich.

Einiges wie die Japanische Weinbeere lässt sich direkt vom Strauch naschen. Doch viele der Früchte erobern den Gaumen nicht auf Anhieb. Sie lassen sich etwas bitten, brauchen Frost, um süßer zu werden. Manche Gehölze machen es uns nicht gerade leicht. Um Ölweiden und Blaue Heckenkirschen muss man sich mühen, ihr Genuss will erarbeitet werden. Denn die Früchte sind klein und man braucht Geduld, bis die Schüssel gefüllt ist. Beim Sanddorn sitzen sie am dornbewehrten Strauch und man muss viel Willen und gute Handschuhe mitbringen. Andere, Felsenbirnen zum Beispiel, schmecken auch den Vögeln so gut, dass man täglich fürchten muss, zu spät zur Ernte zu kommen.

Endlich gepflückt, kommt noch die Verarbeitung. Früchte von Mahonien, Mehlbeeren, Holunderbeeren und Scheinquitten sind roh nicht genießbar. Es gibt sogar Beeren, wie die Berberitzen, deren Kerne auf keinen Fall mitgegessen werden sollten, weil sie giftig sind. Doch wer sich trotz allem an Wildobst herantraut, wird mit ganz andersartigen Aromen belohnt – und zudem mit gesunden Inhaltsstoffen. Viele Vitamine sind in wilden Früchten enthalten, außerdem Anthocyane – Antioxidantien, die die Zellen schützen sollen. Manche wie die Goji-Beere, Aronia und Cranberries werden sogar als Superfood vermarktet.

Was tun mit Berberitzen? Am besten kochen, durch ein Sieb passieren und das saure Mus mit süßeren Früchten vermischen, zum Beispiel mit Birnen. Das ergibt einen leckeren, ungewöhnlichen Fruchtaufstrich.

Erdbeeren sind dankbare Balkonpflanzen. Sie kommen mit einem kleinen Topf zurecht, müssen nur regelmäßig gewässert werden. Wald-Erdbeeren fühlen sich sogar im Halbschatten wohl, Monatserdbeeren reifen über viele Wochen.

Raus aus der Komfortzone

Erwarten Sie anfangs nicht zu viel: Einiges schmeckt dem verzärtelten Gaumen beim ersten Probieren zu sauer oder bitter. Doch wenn sich die Geschmacksnerven einmal aus der Komfortzone heraustrauen, lässt sich viel entdecken im Aroma einer Beere oder kleinen Kernfrucht. Die Apfelbeere ist herb-säuerlich. Doch erinnert der Nachgeschmack nicht an Quitten? Die fleischigen Hagebutten der Kartoffel-Rose sehen zwar schon zum Anbeißen aus. Beim Herauspulen der filzigen Kerne entsteht eher unansehnlicher Fruchtmatsch. Doch beim Probieren stellt sich der als süß und fruchtig heraus. Oder auch Mispeln: Erst wenn sie so richtig weich und unappetitlich sind, sind sie essbar. Wer sich traut, das breiige Fruchtfleisch in den Mund zu stecken, wird angenehm überrascht.

Viele der Früchte können geschmacklich für sich stehen, Felsenbirnen oder Kornelkirschen zum Beispiel. Andere wie Berberitzen eignen sich eher als Beigabe zum Kochen von Säften, Gelees, Marmeladen oder Kompotts aus anderen Früchten, denen sie dann einen besonderen Akzent verleihen. Schön ist es, wenn im Herbst Schränke oder Gefrierfächer gefüllt sind mit Gläsern voller Marmelade, mit Dosen tiefgefrorener Beeren oder Saft. So lässt sich der Sommer in den Winter retten!

Ob Sie einen kleinen oder großen Garten haben oder nur ein Balkon – Platz für ein Wildobstgehölz oder einen Topf mit Beerenpflanze findet sich beinahe überall. Denn die meisten Pflanzen stellen keine großen Ansprüche.

Mahonien statt Geranien

Auf einem Balkon werden Sie kaum eine große Ernte einfahren. Doch um mal etwas Neues auszuprobieren und das Essen mit besonderen Akzenten aufzupeppen, kann es sich durchaus lohnen, einmal etwas anderes zu pflanzen als Geranien oder Petunien. Beerenpflanzen aller Art gedeihen gut in Töpfen – von der Wald-Erdbeere bis zur Johannisbeere. Gut zurecht kommen hier auch Scheinquitten oder Mahonien: Sie sind bescheiden, was den Platz angeht und haben auch fast das ganze Jahr über etwas zu bieten. Die Scheinquitte blüht im Frühjahr rot, die Mahonie gelb. Ihre Früchte lassen sich gut zu Gelee verarbeiten – selbst wenn es nur ein, zwei Gläser werden, es lohnt sich! Auch eine kleine Felsenbirne gedeiht auf dem Balkon, allerdings sollte sie nach ein paar Jahren in einen Garten abgegeben werden, wo sie in den Erdboden kommt. Auf die Dauer wird sie zu groß für den Topf. Pflanzkübel sollten eher großzügig bemessen sein und sie dürfen nicht austrocknen, was im Sommer tägliches Gießen bedeuten kann. Im Winter brauchen Kübel einen Schutz, damit sie nicht durchfrieren. Sonst kann die Pflanze kein Wasser aufnehmen und geht ein.

Kleines für den Handtuchgarten

Wenn der Garten nicht besonders groß ist, eignen sich eher langsam wachsende Gehölze. Dazu gehört zum Beispiel die Blaue Heckenkirsche, die erst nach Jahren ihre Höhe von etwa 2 m erreicht. Die Früchte sind würzig bis bitter, doch die der Kamtschatka-Heckenkirsche schmecken auch roh gut. Die Filzkirsche ist im Frühjahr ein Hingucker, wenn sie voller Blüten sitzt. Wer zwei Pflanzen setzt, was bei 1,5 m Höhe und Breite auch im kleineren Garten denkbar ist, darf auf eine reiche Ernte der säuerlichen Kirschen hoffen. Ähnlich gut schmecken die Früchte der Kornelkirsche. Zwar kann das Gehölz zu einem 8 m hohen Baum heranwachsen, es lässt sich aber gut beschneiden oder am Spalier ziehen –

EINFACH & GUT

Wildobst aus der Wildnis

Wer keinen Garten hat oder erst einmal ausprobieren möchte, kann Wildobst zur Erntezeit auch bei einem Spaziergang sammeln. Ebereschen, Schlehen, Weißdorn und Wildrosen finden sich an vielen öffentlichen Feldrändern. Bei Mahonien oder Scheinquitten kann man möglicherweise Nachbarn um eine kleine Probe bitten. Früchte von Pflanzen, die in der Nähe vielbefahrener Straßen wachsen, sind aber nicht geeignet.

Die Mispel hat eine dicke braune Schale und große Steine. Unreif ist sie nicht zu genießen. Erst wenn das Fruchtfleisch weich wird, schmeckt es wie Apfelmus. Es lässt sich zu Marmelade verarbeiten.

Grüne Walnüsse können gepflückt und in Zuckerlösung eingelegt werden. Reif sind Walnüsse erst, wenn sie herabfallen und die grüne Schale aufplatzt. Dann interessieren sich auch die Eichhörnchen dafür.

REZEPT FÜR SCHWARZE NÜSSE

Schwarz und wild

Kandierte Nüsse sind eine besondere Delikatesse aus dem Garten. Um den Johannistag am 24. Juni werden grüne, noch weiche Früchte gepflückt. Sie werden angestochen, am besten mit einer Stopfnadel, und für etwa zwei Wochen in kaltes Wasser gelegt. Das Wasser sollte 2-mal täglich gewechselt werden. In dieser Zeit verfärben sich die Nüsse bereits. Nach den zwei Wochen die Früchte mit frischem Wasser etwa 20–30 min kochen, bis sie schwarz sind.

Sirup kochen aus: 1,5 kg Zucker, 1 Vanilleschote, 1 Zimtstange, 10–15 Nelken und 1,5 l Wasser. Auch abgeriebene Zitronenschale kann dazugegeben werden.

Den Sirup über die abgetropften Nüsse geben, einen Tag ziehen lassen. Dann die Flüssigkeit in einen Topf abgießen und mit 100 g Zucker aufkochen. Wieder über die Nüsse geben und einen weiteren Tag stehen lassen, das Ganze noch einmal wiederholen. Dann alles zusammen aufkochen und in Einmachgläser oder Schraubgläser füllen.

Die Gläser im Backofen einkochen: 2–3 cm Wasser ins tiefe Backblech geben, die Gläser daraufstellen, ohne dass sie sich berühren. 30 min bei 175 °C einkochen. Die Nüsse sollten mehrere Monate ziehen, am besten an einem dunklen Ort. Sie sind mehrere Jahre haltbar und schmecken zu Desserts sowie zu herzhaften Gerichten.

wie übrigens Filzkirschen auch. Mispeln sind etwas für Liebhaber: Ihre braunen Früchte bieten einen musähnlichen Genuss, wenn sie weich geworden sind. Mit seinen Blüten verschönert der kleine Baum im Frühjahr den Vorgarten. In milden Lagen lässt sich der Weinbergpfirsich ziehen. Unter der dicken pelzigen Schale sind die Früchte sehr aromatisch und können entweder roh gegessen oder zu Kompott verarbeitet werden.

Große Gehölze für den Küchengarten

Wer das Glück hat, einen großen Garten zu besitzen, hat Platz für höhere Sträucher und Bäume. Das optimale Gehölz für den Küchengarten ist der Holunder: Er wächst schnell, trägt duftende Blütendolden, die sich für Gelees, Sirup, Sekt oder Pfannkuchen verwenden lassen, und im Herbst die dunklen Beeren. Bei Bäumen wie der Walnuss, der Esskastanie oder dem Speierling dauert es bis zur Ernte viele Jahre, doch wird die Geduld belohnt. Walnüsse zum Beispiel schmecken nicht nur in reifem Zustand gut – grüne Früchte können in Zuckerlösung eingelegt und zu schwarzen Nüssen verarbeitet werden. Auch selbst geerntete Esskastanien sind ein Luxus – für den es allerdings Geduld und viel Platz braucht. Der Baum kann bis zu 20 m hoch werden und er fruchtet nur, wenn ein zweiter in der Nähe steht. Außerdem lässt er sich bis zu 10 Jahre Zeit mit dem ersten Blühen. Der Speierling ist roh nicht genießbar, ergibt aber einen herben Saft, der anderen Fruchtsäften oder Gelees zugegeben wird. Nicht gut verzehrbar, dennoch sehr aromatisch und lohnenswert, wenn Platz vorhanden, ist die Dreiblatt-Zitrone. Sie ist winterhart und bekommt Früchte, die wunderbar duften. Wegen des sehr sauer-bitteren Geschmacks eignen sie sich eher als Zugabe zu anderen Marmeladen.

Maulbeeren sind gute Hausbäume mit weichen süßen Früchten. Allerdings machen sie zur Erntezeit Mühe: Die Früchte fallen zu Boden und müssen täglich eingesammelt werden. Alternativ werden Netze unter den Bäumen aufgespannt, aus denen sie dann gelesen werden.

Was wird wie verarbeitet

Beim typischen Gartenobst stellt sich die Frage kaum. Doch was tun mit den Früchten von Berberitzen, Heckenkirschen oder Ölweiden? Natürlich lässt sich Wildobst auch anders verwenden als hier beschrieben – als Zugabe zu Gerichten, im Kuchen, getrocknet oder als Aufgesetzter. Probieren Sie es aus!

Apfelbeeren, Mahonien, Blaue Heckenkirsche: Aufkochen, durch ein Sieb passieren, zu Marmelade oder Gelee kochen – alternativ in den Entsafter geben. Diese Früchte färben stark!

Berberitzen: Waschen, weichkochen und durch ein Sieb passieren, um die Kerne zu entfernen. Sehr saurer Saft oder Mus, der mit süßeren Früchten wie Birnen zu Marmelade gemischt werden kann.

Dreiblättrige Orange: Den Saft oder Frucht- und Schalenstückchen in kleinen Mengen zum Aromatisieren hinzugeben, wenn aus anderen Orangen Marmelade gekocht wird. Ist sehr sauer-bitter.

Ebereschen, Mehlbeeren, Weißdorn: Die Früchte – bis auf den Weißdorn – erst nach dem Frost ernten oder notfalls über Nacht ins Eisfach legen. Von den Stängeln lösen, waschen und dann kochen, bis sie weich sind. Passieren, den Saft oder das Mus zu Gelee oder Marmelade verarbeiten. Gut schmecken die Früchte zum Beispiel mit Äpfeln vermischt. Die Essbare Eberesche kann pur verwendet werden.

Esskastanien: Anschneiden und rösten oder kochen.

Felsenbirne: Waschen und mit wenig Wasser kochen, bis sie weich sind. Für Marmelade ist wenig Geliermittel notwendig, da die Frucht viel Pektin enthält. Wer die kleinen Kernchen herausfiltern möchte, passiert durch ein Sieb. Gut schmeckt eine Marmelade mit Äpfeln zusammen. Getrocknet lassen sich die Felsenbirnen wie Rosinen verwenden.

Filzkirsche, Kirschpflaume, Kornelkirsche, Traubenkirsche, Vogel-Kirsche: Bei ihnen kann der Stein fest sitzen. Aufkochen ist die einfachste Möglichkeit, das Fruchtfleisch zu lösen. Passieren, daraus entstehen Fruchtmus oder Marmelade, oder Gelee aus dem Saft kochen. Bei reifen Kornelkirschen lässt sich der Stein gut herauslösen.

Holunder: Blüten zu Sirup oder Sekt verarbeiten oder in Pfannkuchen backen. Beeren am besten in den Entsafter geben. Den Saft in Flaschen abfüllen oder Gelee daraus kochen. Alternativ: Aufkochen und durch ein feines Sieb abtropfen lassen.

Maulbeere: Waschen, entstielen, mit Wasser aufkochen und dann mit Gelierzucker zu Marmelade kochen – oder durch ein Sieb oder Tuch passieren und zu Gelee verarbeiten.

Mispeln: Nach dem Frost ernten oder länger lagern, bis sie weich sind. Sie können roh gegessen werden, enthalten aber große Steine. Bei ganz reifen Früchten lässt sich das Mark aus der Schale herauspressen. Durch ein Sieb geben, um die Kerne herauszuholen. Das Mus ist frisch essbar und lässt sich auch zu Marmelade kochen. Mispeln können auch entsaftet werden, um aus dem Saft Gelee zu kochen.

Sanddorn, Ölweide: Mit wenig Wasser aufkochen und durch ein Sieb passieren, als Marmelade oder Gelee. Gut schmecken auch Ölweide und Sanddorn gemischt.

Cranberries ergeben ein säuerliches Kompott. Roh haben sie zu viel Säure, daher werden sie am besten mit Zucker gekocht, bis sie weich sind. Die Beeren sollten nicht zerfallen. Auch Cranberrysaft oder -gelee schmeckt gut.

Ein Getränk aus dem eigenen Garten: Holunderblütensekt. Dazu werden frische Dolden mit Wasser und Zitrone angesetzt. Nach einigen Tagen beginnt die Flüssigkeit zu gären. Je länger der Sekt steht, desto prickelnder wird er.

REZEPT FÜR HOLUNDERBLÜTENSEKT

Prickelnder Holler

Etwa 15 Dolden in einem großen Gefäß mit 5 l Wasser und 150 ml Wein- oder Apfelessig ansetzen, Scheiben von zwei unbehandelten gewaschenen Zitronen hinzugeben sowie zwei Päckchen Zitronensäure. 500 g Zucker hineingeben. Rühren, bis sich der Zucker auflöst.

Das Gefäß mehrere Tage bei Raumtemperatur, zum Beispiel auf der Fensterbank, stehen lassen. Täglich mehrmals umrühren. Bald beginnen Bläschen aufzusteigen. Nach etwa vier bis fünf Tagen durch ein Tuch abseihen und in Flaschen füllen. Der Gärungsprozess hat begonnen und geht in den Flaschen weiter. Je länger sie lagern, desto prickelnder wird der Sekt. Doch Vorsicht, die Flaschen können platzen! Nur stabile Flaschen mit festen Verschlüssen verwenden, gegebenenfalls im Keller in eine Plastikwanne stellen. Behutsam öffnen.

Preiselbeere, Cranberries: Mit Wasser aufgießen, Zucker zugeben und kochen, bis sie weich sind, aber nicht zerfallen.

Rose: Hagebutten entkernen oder aufkochen und durch feine Siebe passieren, bis die Nüsschen herausgefiltert sind. Aus dem Mus Marmelade kochen, sehr lecker zusammen mit Apfel. Sehr harte Hagebutten entkernen und zwei Tage in Wasser einlegen, ehe sie weiterverarbeitet werden.

Schlehen: Nach dem ersten Frost ernten, eventuell einfrieren. Wenn das Entsteinen zu schwierig ist, weichkochen und durch ein Sieb streichen. Eignet sich für Marmelade.

Speierling: Nach dem ersten Frost verwenden. Vierteln, weichkochen, den herb-sauren Saft als Zugabe zu anderen Säften oder Gelees verwenden.

Scheinquitten: Waschen, vierteln, kochen, bis sie weich sind, und durch ein sauberes Tuch abtropfen lassen – oder mit einem Dampfentsafter entsaften. Aus dem Saft Gelee kochen.

Wildapfel: Früchte waschen und teilen, mit wenig Wasser kochen, bis sie weich sind. Durch ein Sieb streichen, als Mus verwenden oder als Marmelade kochen. Für Gelee durch ein Tuch abtropfen lassen.

Wilde Rezepte

Obstsaft

Saft aus Früchten ist schnell gewonnen: Im Dampfentsafter geht es am einfachsten, aber auch Kochen und Abseihen sind kein Problem. Der Saft wird direkt in saubere Flaschen abgefüllt. Schwieriger ist seine Aufbewahrung, denn Saft ist meist nur einige Wochen haltbar – vor allem, wenn die Kochzeit nur kurz war.

Zutaten: Früchte
Wasser

Wer sicher sein will, dass er länger haltbar ist, sollte pasteurisieren. Auch frisch gepresster Saft, etwa aus Beeren, Äpfeln, Quitten oder Scheinquitten, kann auf diese Weise haltbar gemacht werden. Doch das ist zu Hause nicht ganz einfach. Denn dazu muss der Saft für eine Zeit auf 70–80 °Celsius – deutlich unter dem Siedepunkt – erhitzt werden. Und so geht's: Die unverschlossenen, sauberen Flaschen kommen ins Wasserbad, in einen großen Topf, am besten auf ein Einmachgitter. Das Wasser auf knapp 80 °Celsius erhitzen, ein Einmachthermometer leistet hier gute Dienste. Etwa 20–25 min bei den Temperaturen im Wasserbad lassen, dann langsam abkühlen lassen und luftdicht verschließen. Das geht am besten mit Flaschen, die einen Twist-Off-Verschluss wie Marmeladengläser haben, oder man nimmt Einmach-Flaschen mit Gummiverschluss. Vor dem Befüllen sollten sie im Backofen liegend bei Temperaturen von 120–130 °Celsius sterilisiert werden. In nicht einwandfrei keimfreien Flaschen bildet sich schnell Schimmel.

Saft kann auch eingefroren werden, in Gefrierdosen oder in fest verschlossenen Plastikbeuteln. Glasflaschen eignen sich nicht. Auch in Dosen immer daran denken: Flüssigkeit dehnt sich beim Einfrieren aus, daher immer mindestens 2 cm Rand lassen im Behälter. Damit Beutel eine besser verstaubare Form bekommen, können sie zunächst in flache Gefrierdosen gelegt und ins Tiefkühlfach gestellt werden. Ist der Saft im Beutel in die rechteckige Form gefroren, wird er aus der Dose herausgeholt und lässt sich im Tiefkühlfach problemlos stapeln.

Für den Winter haltbar machen: Saft aus Holunderbeeren. Er ist herb, wird heiß mit Zucker und Zitrone getrunken und hilft bei Erkältungen. Auch Fliederbeerensuppe wird aus Holundersaft gekocht.

TIPP FÜR GENIESSER

Pur probieren

Die Früchte erst einmal pur probieren, zum Beispiel im Gelee ohne zusätzliche Gewürze. Dann wirkt das Aroma am besten und es lässt sich herausfinden, wozu es geschmacklich gut passen könnte.

Beeren aus dem Garten lassen sich gut zu gesunden Smoothies verarbeiten. Frisch gepflückt und schnell püriert gehen kaum Inhaltsstoffe der Früchte verloren. Um den Smoothie gehaltvoller zu machen, eine Banane oder Joghurt hineingeben

Sirup

Als Sirup lassen sich Wildfrüchte lange haltbar machen. Der Sirup wird verdünnt mit Wasser getrunken, für Desserts oder als Zugabe zu winterlichen Tees verwendet.

Zutaten: Früchte
Zucker
Wasser

Als Faustregel gilt: Etwa genauso viel Zucker wie Früchte nehmen. Sie können es auch mit weniger Zucker probieren, manchmal reicht auch ein Drittel davon aus. Er macht den Sirup haltbar.

Entsaften Sie die Früchte zunächst, wie für Marmelade oder Gelee – allerdings gerne mit etwas mehr Wasser kochen. Geben Sie so viel zu, dass das Obst gut bedeckt ist. Durch ein Tuch abtropfen lassen, am besten über Nacht den Saft auffangen. Den fertigen Saft mit Zucker aufkochen, noch heiß in Flaschen geben und direkt verschließen. Manches kann auch kalt aufgesetzt werden oder gibt sein Aroma nach längerer Ziehzeit besser preis als nach kurzem Aufkochen.

Schlehen werden mit kochendem Wasser überbrüht, bis sie bedeckt sind, und einen Tag ziehen gelassen. Die Flüssigkeit dann in einen Topf abschütten, aufkochen und erneut über die Schlehen geben. Das Ganze am nächsten und übernächsten Tag wiederholen. Dann die Flüssigkeit mit Zucker zu Sirup verkochen.

Holunderblütensirup wird am besten kalt aufgesetzt. An einem trockenen Tag etwa zehn bis 15 Dolden schneiden und gut ausschütteln, aber nicht waschen. In ein Gefäß mit den Scheiben von zwei ungespritzten, gewaschenen Zitronen geben und mit 2 l Wasser auffüllen. Über Nacht ziehen lassen. Durch ein Tuch abseihen. Etwa 1,5 kg Zucker dazugeben und rühren, bis sich der Zucker weitgehend gelöst hat. Nochmals einen Tag stehen lassen, dann in Flaschen füllen.

Smoothies

Smoothies sind schnell gemacht und gesund, bleiben die Inhaltsstoffe der Früchte doch weitgehend erhalten. Am besten eignen sich Beeren aller Art, aber auch Felsenbirnen und Feigen, Kirschpflaumen und Kornelkirschen, Mispeln oder Goji-Beeren. Saures wie Berberitzen sparsam verwenden und mit Süßem wie Birnen oder Bananen mischen. Beeren von Holunder oder Ebereschen nicht roh verwenden!

Zutaten: 350 ml Wasser oder Fruchtsaft
400–500 g Früchte
eine halbe bis eine Banane, einen Apfel oder eine Birne
eventuell etwas Ahornsirup oder Agavendicksaft oder Honig zum Süßen
zu Beeren passen auch einige Esslöffel Milch oder Naturjoghurt

Wasser oder Fruchtsaft, die Wildfrüchte und Banane, Apfel oder Birne in den Mixer geben und auf hoher Stufe mixen, bis die Masse eine cremige Substanz bekommt. Das geht auch mit dem Pürierstab. Ein Handmixer eignet sich allerdings nicht, er hat zu wenig Kraft.

Leckere Kombinationen sind: Wald-Erdbeeren und Feigen, Sanddorn mit Äpfeln und Orangensaft, Heidelbeeren und Bananen, Goji-Beeren mit Birnen. Probieren Sie es aus, der Fantasie sind kaum Grenzen gesetzt.

Im Sirup werden sommerliche Aromen für Herbst und Winter konserviert. Zucker macht den Fruchtsaft haltbar, der süße Sirup schmeckt gut zu Desserts oder einfach mit Wasser aufgegossen.

Getrocknete Goji-Beeren passen ins Müsli oder selbst gemachte Studentenfutter, aber auch in den Salat. Sie ähneln Feigen im Geschmack, sind aber weniger süß und schmecken manchmal leicht metallisch.

Likör

Beim Likör, auch „Aufgesetzter“ genannt, werden Früchte mit Zucker, Gewürzen und klarem Schnaps angesetzt. Nach einigen Wochen bis Monaten entfaltet sich das Aroma. Gut eignen sich für den Aufgesetzten Beeren aller Art, Ebereschen, Kornelkirschen, Schlehen, aber auch Traubenkirschen, Mahonien, Ölweiden und Wildäpfel.

Zutaten: 1 Flasche klarer Schnaps oder Wodka
150 g Kandis
500–750 g Früchte

Das Obst säubern und putzen, gegebenenfalls in Stücke schneiden. Mit dem Kandis in eine große Flasche geben und mit dem Schnaps auffüllen. Mehrere Wochen im Hellen bei Raumtemperatur stehen lassen, häufiger schütteln. Nach etwa einem Vierteljahr abseihen.

Trockenfrüchte

Viele der Wildobstsorten können getrocknet werden: Apfelbeeren, Berberitzen, Cranberries, Felsenbirnen, Essbare Ebereschen, Goji-Beeren, Kirschpflaumen.

Größeres, Voluminöseres wie Mini-Kiwis oder Feigen sollte halbiert werden, sonst dauert es zu lange, bis es getrocknet ist. Wenn Sie gerne und viel Trockenfrüchte essen, lohnt die Anschaffung eines Dörrapparates.

Um erst einmal auszuprobieren, eignet sich für vieles – etwa Goji-Beeren oder Feigen – die Trocknung im Ofen. Eine niedrige Temperatur einstellen, nicht höher als 40 °Celsius. Das Obst lose nebeneinander auf das Blech legen und vollständig trocknen. Kleine Beeren können auch in der Sonne getrocknet werden.

Tee

Wer gerne Kräutertee trinkt, trocknet Blüten und Blätter aus dem Garten am besten selbst. Es gibt sie in Hülle und Fülle, außerdem lassen sich ganz eigene Mischungen herstellen.

Für Tees eignen sich die Blüten des Wildapfels, des Holunders, der Mispel sowie die Blüten von Rosen, etwa der Hunds-Rose. Sie werden an einem warmen Tag gepflückt.

Auch das Laub von Johannisbeeren, Brombeeren, Erdbeeren oder Wald-Erdbeeren sowie von der Japanischen Weinbeere kann für Tee getrocknet werden. Ernten Sie die Blätter im Frühjahr, wenn sie noch zart und grün sind. Außer bei den stark wüchsigen Brombeeren sollten jedoch keine Triebspitzen abgeschnitten werden.

Aus dem Sommergarten: Rosen- und Frauenmantelblüten, Himbeer- oder Johannisbeerblätter sind getrocknet lange haltbar. Die Teemischung kann mit anderen Blüten, zum Beispiel Ringelblumen, kombiniert werden.

Blüten und Blätter werden im Dörrgerät oder an einem warmen Ort getrocknet, allerdings nicht in der Sonne: Lose nebeneinander auslegen, auf Gittern, Blechen oder auf einem dünnen Tuch auf einem Wäscheständer. Das Trocknen im Ofen ist nicht ratsam, denn die Blätter können schnell verbrennen. Vollkommen trocken sind die Blüten und Blätter, wenn sie rascheln und leicht zerbrechen. Erst dann in luftdicht schließende Blechdosen füllen.

Wie beim schwarzen Tee lassen sich Blätter von Erd-, Brom- oder Johannisbeeren auch fermentieren, dann sind sie aromatischer als die einfach getrockneten. Dazu werden sie bei warmem Wetter gepflückt und einen Tag im Schatten trocknen gelassen. Dann mit einem Nudelholz überrollen, sodass sie knicken und die Blattstruktur aufgebrochen wird. Mit etwas Wasser besprenkeln und als Rolle fest in ein Leinentuch einwickeln. In eine Plastiktüte geben und an einem warmen Ort mehrere Tage liegen lassen. Eine Riechprobe machen: Wenn die dunkel verfärbten Blätter gut duften, werden sie herausgeholt, im Schatten oder in einer Dörrmaschine getrocknet und dann in luftdicht schließenden Dosen verstaut.

TIPP FÜR GENIESSER

Leckere Teemischungen

Holunderblüte, Minze und Huflattich: wohltuend bei Erkältungen

Rose, Frauenmantelblüten und zarte Himbeerblätter: guter Haustee

Gelee aus wilden Früchtchen

Das Glas der Wahl

Schöne Gläser sind meist Mangelware. Wenn alle gefüllt und auch in den Geschäften keine mehr zu bekommen sind, können Sie im Supermarkt oder Bioladen fündig werden: Apfelmus oder Bohnen sind oft in neutralen Gläsern ohne störenden Aufdruck auf den Deckeln. Essen Sie den Inhalt einfach auf, schon haben Sie ein Glas.

Wichtig ist, dass das Glas einen Twist-off-Deckel hat, einen Deckel, der sich wieder fest verschließen lässt. Ob Sie das Glas noch mit Stoff und Schleife dekorieren oder nicht: Denken Sie auf jeden Fall an ein Etikett. Die Gläser und Gelees im Schrank sehen sich irgendwann zum Verwechseln ähnlich. Nicht, dass sich der vermeintliche Holunder als Schwarze Johannisbeere entpuppt!

Gelee lässt sich aus den meisten Obstsorten herstellen. Es fängt den Geschmack gut ein und macht ihn lange haltbar. Meist kocht man viel zu viel, dann freuen sich Familie, Nachbarn und Freunde über ein selbst gemachtes Geschenk.

Früchte vorbereiten

Bei Scheinquitten kommen schnell 1–2 kg zusammen. Doch wer Hagebutten entkernen will, muss fleißig sein, um 500 g Fruchtfleisch zu erhalten. Manche der Wildobstsorten sind ergiebiger als andere. Verlesen, waschen und putzen Sie das Obst. Nur gute Früchte eignen sich zum Weiterverarbeiten. Stiele werden entfernt, Größeres zerteilt. Nehmen Sie Kerne und Steine heraus – kleine Kerne dürfen bleiben, denn der Saft wird später abgeseiht.

Saft herstellen

Die Früchte mit Wasser bedecken und zum Kochen bringen, auf mittlerer Flamme köcheln lassen. Wenn sie weich sind – was zwischen wenigen Minuten und einer halben Stunde dauern kann – abseihen. Dazu wird ein Sieb, das mit einem Tuch ausgelegt ist, auf einen Topf oder eine stabile Schüssel gestellt. Die gekochten, heißen Früchte aus dem Topf in das Tuch geben. Das Tuch filtert den Saft, der in den untergestellten Behälter läuft. Am besten über Nacht, zumindest jedoch einige Stunden, stehen lassen. Wer das Tuch nicht ausdrückt, bekommt besonders klaren Saft – verschenkt aber auch ein bisschen. Alternativ die Früchte durch ein Sieb streichen. Es entsteht eher Fruchtmus als Saft.

Einfacher geht die Saftgewinnung mit einem Dampfentsafter: Der Dampf bricht die Zellen der Früchte auf, der Saft sammelt sich im Behälter. Ist er abgekühlt, werden Gläser mit Schraubdeckeln bereitgestellt. Sie sollten frisch mit kochendem Wasser ausgespült kopfüber auf ein sauberes Tuch gestellt werden, bis das Gelee eingefüllt wird.

Gelee kochen

Den Saft abmessen und mit Gelierzucker – das Verhältnis ist auf der Packung angegeben – in einem Topf aufkochen. Etwas Zitronensäure oder -saft helfen beim Festwerden und geben eine frische Note. Viele Wildobstsorten haben so viel Pektin, dass Gelierzucker kaum nötig ist, auf jeden Fall im Verhältnis von 1:2 ausreicht. So wird weniger Zucker zugesetzt und das Gelee bleibt fruchtiger. Nach Anleitung auf der Packung mehrere Minuten kochen. Dann wird die Gelierprobe gemacht: Einen Löffel der Masse auf einen Porzellanteller geben. Verläuft er nach dem Erkalten nicht mehr, ist das Gelee fertig. In die bereitgestellten Gläser abfüllen und sofort fest verschließen. Die Gläser werden fünf Minuten auf den Kopf gestellt und dann wieder herumgedreht.

EINFACH & GUT

Gut kombiniert!

Gut schmecken zusammen: Hagebutten und Wildäpfel – etwa drei Viertel Hagebutten, ein Viertel Äpfelchen

Ölweide und Sanddorn zu gleichen Teilen

Holunder und Wildapfel zu gleichen Teilen

Apfelbeeren und Birnen – etwa zwei Drittel Apfelbeere, ein Drittel Birne

Einmal quer durch den Garten: Ein gemischter Fruchtsaft aus Holunderbeeren, Kornelkirschen, Hagebutten und was sonst noch so reif ist. Kochen Sie die Früchte auf und seihen Sie den Saft ab.

Vielerlei Gläser eignen sich für selbstgekochte Marmelade. Sammeln Sie den Winter über eine Auswahl für die nächste Einkoch-Saison. Vieles lässt sich recyceln, wichtig ist nur der Twist-off-Deckel.

Taste the wild side!

Das beste Wildobst für den Küchengarten

Blaue Heckenkirsche

(Lonicera caerulea)

Sie bringen die ersten Früchte im Jahr: Längliche blaue Beeren trägt die Blaue Heckenkirsche, sie sind süßlich bitter und würzig. Auch roh richtig gut schmecken die Früchte der Kamtschatka-Heckenkirsche. Sie eignen sich für Marmelade, Saft und Gelee. Die Pflanze wächst langsam und wird mit etwa 2 m Höhe und 1 m Breite nicht besonders groß, sie passt daher fast in jeden Garten. Was den Boden betrifft, ist sie anspruchslos und gedeiht auch im Schatten.

Filzkirsche

(Prunus tomentosa)

Säuerlich-süße Kirschen sitzen im Sommer an den Zweigen der Pflanze. Sie lassen sich direkt vom Strauch naschen, aber auch zu Saft, Gelee oder Marmelade verarbeiten. Außerdem hat die Filzkirsche einen hohen Zierwert, denn im Frühjahr blüht sie sehr üppig. Mit etwa 1,5 m Höhe und Breite wird sie nicht besonders groß, für gute Erträge sollten aber mindestens zwei gepflanzt werden. Bei wenig Platz gedeiht die Filzkirsche auch im Pflanzkübel.

Holunder

(Sambucus nigra)

Im Frühjahr gibt es die aromatischen Blüten, im Herbst die schwarzen Beeren: Saft und Gelee, Pfannkuchen und sogar Sekt lassen sich aus Holunder herstellen. Sein Saft ist ein altes Hausmittel bei Erkältungen. Nur einen Nachteil hat die Pflanze: Sie wächst sehr schnell und eignet sich eher für den etwas größeren Garten, denn 7 m Höhe und 4 m Breite sind schnell erreicht. Doch lässt sich der Holunder gut zurückschneiden. Er braucht nahrhaften, humosen Boden.

Kornelkirsche

(Cornus mas)

Ihre Früchte schmecken so ähnlich wie Sauerkirschen, doch handelt es sich hier um ein Hartriegelgewächs. Der Stein sitzt sehr fest, sodass sich die Früchte nicht so einfach verarbeiten lassen. Doch der Aufwand lohnt: Aus Kornelkirschen lassen sich sehr fruchtige Marmeladen und Gelees herstellen, sie können auch herzhaft eingelegt werden. Ganz reife Früchte sind auch roh essbar. Die Kornelkirsche wird groß, ein etwa 5 m hoher Baum. Doch kann sie gut in Form geschnitten und am Spalier gezogen werden.

Mahonie

(Mahonia aquifolium)

Sie gilt als Zierstrauch mit ihren gelben Blüten, doch auch die blauen bereiften Früchte sind essbar. Die Beeren sind sehr saftig und färbend, sie haben ein herbes Aroma und werden am besten zusammen mit anderen Früchten zu Gelee verarbeitet. Die Mahonie wird mit etwa 1,5 m Höhe und 1 m Breite nicht sehr groß, sie ist robust und kommt auch mit Schatten zurecht. Sie eignet sich sehr gut für den kleineren Stadtgarten. Wo nur ein Balkon vorhanden ist, wächst sie sogar im Kübel.

Maulbeere

(Morus alba, Morus nigra)

Reif ist sie süß und saftig, mild im Geschmack – mitunter sogar fade. Doch eignet sie sich für Gelees und Marmeladen, auch roh kann sie gegessen werden. Es gibt nicht nur schwarze Maulbeeren, sondern auch weiße, rosafarbene, rote und violette Früchte. Der Baum braucht allerdings Platz, bis zu 15 m hoch wird er. Im kleinen Garten kann die Maulbeere als Hecke gezogen werden, denn sie ist schnittverträglich. Notfalls wächst sie sogar im Pflanzkübel.

Mispel

(Mespilus germanica)

Die braunen runden Früchte muten archaisch an. Sie sind steinhart, werden erst nach Frost oder längerer Lagerung weich und teigig, dann haben sie aber ein süßes apfelähnliches Aroma. Sie lassen sich zu Kompott oder Mus verarbeiten – oder auch zu Marmelade, gemischt mit anderen Früchten. Die Mispel wird etwa 5 m hoch und hat eine flache Baumkrone. Im Frühjahr blüht sie weiß. Sie braucht einen warmen windgeschützten Platz und hat eine Vorliebe für kalkhaltigen Boden.

Scheinquitte

(Chaenomeles japonica)

Meist wird sie zur Zierde gepflanzt, weil sie im Frühjahr rot blüht. Auch die gelben Früchte der Scheinquitte sind dekorativ, doch vor allem essbar. Roh sind sie sauer, ziehen den Mund zusammen, lassen sich aber wie Quitten verarbeiten und entfalten gekocht ihr Aroma. Sie enthalten viel Vitamin C. Scheinquitten passen in jeden Garten oder sogar auf den Balkon, weil sie sich auch mit einem Pflanzkübel zufriedengeben – sie werden nur etwa 1 m hoch und breit. Sie brauchen Sonne bis Halbschatten.

Wildobst für den Familiengarten

Bienen in den Apfelblüten beobachten, Felsenbirnen frisch vom Strauch naschen oder roten Beerensaft von den Fingern lecken: Ein Garten lässt sich mit allen Sinnen erfahren. Das ist vor allem für Kinder wichtig. Wildobst ist eine gute Wahl, wenn der Garten pflegeleicht sein soll. Die meisten Gehölze sind robust, wenig krankheitsanfällig und brauchen nur noch wenig Aufmerksamkeit, wenn sie einmal angewachsen sind. Umso mehr Zeit bleibt zum Entspannen.

Laisser-faire im Garten

Schön, wenn der Garten groß genug ist für eine Schaukel. Für Kinder ist der Garten ein Spielplatz, auf dem sich aber auch viel Interessantes entdecken lässt – Käfer im Rasen, Ameisen oder Spinnweben.

Platz zum Spielen, zum Essen, zum Ausruhen: Ein Garten, wie groß oder klein er auch sein mag, ist eine wunderbare Bereicherung für Kinder und Eltern. Meist lässt das Familienleben jedoch nicht allzu viel Zeit für aufwendige Beete oder Gemüsereihen. Der Garten soll pflegeleicht sein und auf sich selbst aufpassen – die Kinder im Zaum zu halten, ist schon anstrengend genug. Oftmals beschränkt sich die Gestaltung daher auf eine Rasenfläche mit ein paar Gehölzen ringsherum, mit immergrünen Heckenpflanzen, um die nicht viel Aufhebens gemacht zu werden braucht.

Das wird auf die Dauer jedoch langweilig, denn ein Garten kann so viel mehr bieten. Was nicht heißt, dass mehr Aufwand betrieben werden muss. Gerade Wildobstgehölze sind meist genügsam. Wenn sie sich etabliert haben, können die meisten getrost sich selbst überlassen werden. Im Gegensatz zu anderen Obstbäumen bleibt auch hier die Erntezeit ganz entspannt. Wenn die Beeren oder Äpfelchen nicht gepflückt werden, bleiben sie hängen, bis die Tiere sie holen. Laisser-faire fällt bei Ölweiden oder Traubenkirschen vermutlich leichter als bei Pflaumen oder Schwarzkirschen, hier ruft die Pflicht nicht so laut: Man kann ernten, muss aber nicht.

Wenn ein Garten ganz neu angelegt wird, ist viel Spielraum vorhanden. Gemeinsam mit den Kindern kann überlegt werden, welche Pflanzen in den Garten dürfen. Vielleicht sollen sie nicht nur schön aussehen, sondern auch Früchte tragen und Tiere anlocken. Aber auch wenn der Garten älter ist, gibt es Gelegenheiten, umzugestalten: Der Wind hat einem alten Baum zugesetzt, der nun nicht mehr zu retten ist. Die Buchshecke ist krank und ein Ersatz muss her.

Viele Pflanzen locken auch Tiere in den Garten. Die Haselmaus fühlt sich in Haselsträuchern wohl und lebt von den Nüssen. Die Gehölze wiederum wachsen zu einem guten Versteck für Kinder heran.

Die Natur entdecken

Was ist das für ein Käfer? Wohin laufen die Ameisen? Und wie weit fliegen die Schirmchen des Löwenzahns? Kinder können im Garten viel entdecken und erforschen – mit oder ohne Eltern.

Für Kinder ist der Garten ein Spielplatz. So gibt es auf dem typischen Familiengrundstück meist einen Sandkasten, wenn mehr Platz ist, auch eine Rutsche und eine Schaukel. Auch ein großes Trampolin gehört heute fast schon zur Grundausstattung. Glück, wenn der Rasen so groß ist, dass man Fußball oder Badminton darauf spielen kann. Gibt es hohe Bäume mit starken Ästen, in die vielleicht ein Baumhaus passt?

Doch das ist längst nicht alles, was man im Garten machen kann. Eltern brauchen eigentlich nichts Teures anzuschaffen oder in die Gestaltung zu investieren. Denn das Stückchen Grün hinter dem Haus ist eine richtige Schatzkiste – wenn auch eine mit immateriellen Schätzen. Gemeinsam können Eltern und Kinder sie öffnen. Wer sieht den ersten Schmetterling im Frühjahr? Wer traut sich, einen Regenwurm anzufassen oder sich eine Schnecke über die Hand kriechen zu lassen?

Kinder entdecken die Umwelt spielend: den Duft von Blüten, das Summen von Hummeln, aber auch den Geschmack von Beeren. Die Natur wird mit allen Sinnen erfahren – durch Schauen, Anfassen, Probieren und Riechen. Kinder erleben, wie feucht sich Gras unter den Fußsohlen anfühlen kann, wie krümelig Erde zwischen den Fingern ist, wie still man sitzen muss, um ein Eichhörnchen oder eine Meise beobachten zu können. Einfach tun dürfen, selbst erforschen können, ist wichtig – und schärft die Aufmerksamkeit. Was sehe ich unter dem Stein, wenn ich ihn vorsichtig umdrehe? Wohin laufen die Ameisen eigentlich? Was ist das für ein Vogel auf dem Baum? Und wie weit fliegen wohl die Schirmchen des Löwenzahns? Der Garten bietet den idealen Rahmen dafür, er ist ein richtiger Erlebnisort.

Die Erwachsenen können das Rotkehlchen und die Drossel zeigen, den Ehrenpreis und die Kamille. Wenn sie mal selbst etwas nicht wissen, wird später zusammen nachgeschaut, worum es sich bei der unbekannten Blume oder dem schillernden Käfer handelt. So setzt sich allmählich ein Bild zusammen und es wird deutlich: Der Garten gehört nur zum Teil den Menschen. Ohne Tiere gäbe es dort kein Leben – vom kleinsten Bodenlebewesen bis hin zum Vogel, der die Samen von Pflanzen verbreitet, tragen alle zum Ganzen bei. Für Kinder ist es spannend, Zusammenhänge zu entdecken. Regenwürmer ziehen altes Laub in den Boden, was ihn fruchtbar macht, aber sie sind auch Nahrung für die Amseln. Die wiederum lieben auch Vogel- und andere Beeren, für deren Verbreitung sie sorgen. Der Garten ist Teil eines größeren Zusammenhanges. Die Tiere, die hier leben, müssen behutsam behandelt werden, damit das Gefüge nicht allzu sehr gestört wird.

Eine Pflanze keimt – faszinierend zu sehen, wie schnell sie in die Höhe wachsen kann! Aber auch, wie sich im Frühling aus kleinen Knospen die ersten Blüten an den Sträuchern öffnen, dann

EINFACH & GUT

Die goldene Naschkatzen-Regel

Beim Naschen sollten Eltern eine klare Regel einführen: Die Kinder dürfen unbekannte Früchte nur naschen, wenn sie vorher einen Erwachsenen gefragt haben. Manches sieht essbar und lecker aus, ist aber ungenießbar. Rohe Holunderbeeren zum Beispiel färben zwar die Finger, machen aber auch Bauchschmerzen. Meist schmeckt das, was nicht genießbar ist, aber auch schon ziemlich komisch. Schnell ausspucken!

Große Gärten sind Luxus. Wenn dann noch ein alter Baum mit starken Ästen darin steht, kann das Spielhäuschen in luftige Höhen verlagert werden.

Vögel ernähren sich von Früchten, sorgen aber auch für die Vermehrung der Gehölze, in dem sie die Samen verbreiten. Der Garten ist Teil eines größeren Zusammenhangs.

die Blätter. Wie aus den Blüten Früchte werden. Wie schön, wenn man sie dann auch noch essen kann! Wer hat schon probiert, wie süß eine Felsenbirne schmeckt, wie herb die Mahonie, die die Hände so schön rot färbt?

Nicht nur Kinder naschen gerne. Grund genug, viel Obst in den Garten zu integrieren. Wildobstsorten sollen Apfel-, Kirsch- und Pflaumenbäume nicht ersetzen. Aber sie können eine interessante Ergänzung sein. Wenn der Apfelbaum einen Bestäuber braucht, warum nicht einen Wildapfel pflanzen? Die Früchte sind klein, meist säuerlich, härter, aber es macht Spaß, sie aufzubeißen und die winzigen Kerne darin zu entdecken. Sie schmecken anders als der typische süße Supermarktapfel: herber, fruchtiger, auf der Zunge entwickeln sich ganz unterschiedliche Aromen. Und man kann Kompott daraus kochen. Oder Hagebutten: Sie enthalten nicht nur die Nüsschen, die, unter den Pulli gesteckt, wie Juckpulver wirken, viele sind auch richtig fleischig und süß. Die Kerne herausgepult, bleibt das saftige rote Fleisch übrig, das an weiche Äpfel erinnert. Und was gibt es Schöneres, als ganz frisch gepflückte Haselnüsse aufzuknacken?

Vom Blumentopf bis zum Hausbaum

Was in den Garten gepflanzt werden kann, hängt von der Größe des Grundstücks ab – und von der Zeit, die sich das Gehölz beim Wachsen lassen darf. Walnuss, Esskastanien oder Feigen sind gute Hausbäume für den Familiengarten. Doch werden sie eher mit Blick auf die Zukunft gepflanzt, denn es dauert Jahre, bis sie sich etabliert haben und Früchte tragen. Für Kinder sind sie in den ersten Jahren kaum interessant. Anders ist es zum Beispiel bei Beerensträuchern. Meist lässt sich schon im nächsten Sommer etwas ernten – ein Zeitraum, der auch für Jüngere überschaubar ist.

Beeren für den Balkon

Auch wenn kein Garten vorhanden ist, sondern nur ein Balkon: Beeren zum Naschen lassen sich auch im Topf ziehen. Sogar die leckersten gehören dazu, die Wald-Erdbeeren. Sie brauchen keine hohen Bäume, um zu wachsen, nur gute Erde und genügend Wasser. Sie haben ein ganz anderes Aroma als ihre großen Verwandten, schmecken viel intensiver und können nicht nur rot, sondern auch rosa oder weiß sein. Auch Heidelbeeren wachsen bestens im Topf, wenn sie die richtige Erde erhalten. Sie eignen sich sogar für Balkone, auf die nicht viel Sonne kommt. Die einheimische Heidelbeere ist saftig und süß und hat dunkelrotes, nicht nur die Finger färbendes Fruchtfleisch. Kulturheidelbeeren dagegen stammen von einer amerikanischen Art ab und sind keine so fleckenreiche Angelegenheit. Ist der Balkon sonnig und ein bisschen größer, können sogar Himbeeren – mit einem kleinen Gerüst – oder auch Johannisbeeren gezogen werden. Sie brauchen liebevolle Pflege. Hier sind Sorten empfehlenswert, denn die Wildformen haben nur wenige kleine Früchte.

Manches braucht nur wenig Platz

Viele Wildobstgehölze werden nicht so groß und eignen sich für den kleinen Garten. Apfelbeeren zum Beispiel, sind allerdings etwas herb und ziehen den Mund zusammen. Blaue Heckenkirschen sind die ersten Beeren, die reif werden, doch haben sie oft eine bittere Note. Säuerlich, aber gut schmecken Filzkirschen. Felsenbirnen tragen kleine, runde saftig süße Früchte. Auch Wildäpfel benötigen nicht viel Platz. Hier gibt es süßliche, roh genießbare Sorten. Besonders beliebt bei Kindern sind natürlich Erdbeeren und Himbeeren. Von beiden gibt es viele Fruchtsorten, die besser geeignet sind als die reine Wildform mit den kleinen Beeren. Herbst-Himbeeren tragen

Heidelbeeren sind die optimalen Balkonpflanzen. Sie benötigen saure Erde, die sowieso nicht jeder Garten zu bieten hat. Außerdem gedeihen sie im Halbschatten. Nur Staunässe mögen sie nicht.

So lange sie rot ist, ist die Apfelbeere unreif. Geerntet werden die Früchte, wenn sie tiefschwarz sind. Der Strauch eignet sich gut für kleinere Gärten, denn er nimmt nicht allzu viel Raum ein.

schon im ersten Jahr, wenn sie im Frühjahr gepflanzt werden. Sie brauchen allerdings ein Gerüst oder Drahtspalier, an dem die Triebe Halt finden. Eine ähnliche Stütze ist im kleineren Garten auch bei der Japanischen Weinbeere sinnvoll, denn sie bekommt lange Ranken. Diese Pflanze muss vorsichtig angefasst werden, denn sie hat pieksende Stacheln – behutsam ernten! Doch schmecken die roten saftigen Früchte so gut, dass sich auch der Aufwand, jedes Jahr die abgetragenen Ruten herauszuschneiden, lohnt. Wenn es im Garten eine Pergola gibt, die begrünt werden soll, können dort Mini-Kiwis ranken. Die Pflanzen – mindestens eine männliche und eine oder mehrere weibliche – nehmen zwar wenig Bodenfläche ein, doch umso mehr Raum beim Ranken. Sie sind im Gegensatz zu anderen Kiwis glatt und können samt Schale gegessen werden.

Fehlt noch ein Bodendecker, sind Wald-Erdbeeren eine gute Wahl: Manche Sorten breiten sich flugs aus und begrünen leere Gartenecken, in denen dann den Sommer über die kleinen Früchte geerntet werden können. Auch Heidelbeeren können Dickichte bilden, allerdings brauchen sie sauren Boden.

Auf dem großen Grundstück

Hier kann großzügiger geplant werden. Gehölze wie Hasel, Holunder oder Kirschpflaumen werden riesig und brauchen dementsprechend Platz. Doch schmecken Kirschpflaumen zum Beispiel nicht nur gut, sondern blühen als eine der ersten Bäume im Jahr und haben somit auch ästhetischen Wert. Ist der Garten geschützt und warm, kann sich eine Feige als Hausbaum eignen. Allerdings enthalten die Triebe und unreifen Früchte weißen Milchsaft, auf den empfindliche Haut gereizt reagiert. Doch die Früchte sind süß und schmecken sowohl frisch als auch getrocknet. Berberitzen haben saftige Früchte, Ölweiden ebenfalls, Brombeeren können ungeliebte Ecken erobern und im Spätsommer leckere Beeren liefern.

Kinder lieben Verstecke im Garten. Gerne werden Weidenzweige genommen, um ein Tipi zu bauen, das Wurzeln schlägt. Doch lässt sich eine geheime Ecke auch aus Haselsträuchern zaubern. Das Gehölz wächst schnell, und, wenn sowohl männliche als auch weibliche Pflanzen gesetzt werden, gibt es irgendwann auch Nüsse, die direkt im Versteck zwischen zwei Steinen aufgeknackt werden können.

Wald-Erdbeeren sind Bodendecker: Am richtigen Standort vermehren sie sich schnell über Ausläufer und können ganze Ecken im Garten erobern. Umso mehr Früchte gibt es zu ernten.

Ungenießbare Doppelgänger

Achtung Verwechslungsgefahr!

Ein paar Stacheln, zum Beispiel an der Wildrose oder Brombeere, dürfen durchaus vorkommen im Beet. Auch die Begegnung mit einer Brennnessel gehört dazu. Solche Pflanzen geben zu verstehen, wenn man einen Bogen um sie machen soll. Aber Giftiges wie Seidelbast, Tollkirschen, Oleander oder Eisenhut haben im Familiengarten nichts zu suchen, das versteht sich von selbst. Bei manchen Pflanzen muss man genau hinschauen, denn es kann zu unangenehmen Verwechslungen kommen.

Feuerdorn
(Pyracantha)

Ebereschen – oder auch Vogelbeeren – sind genießbar, wenn sie verarbeitet werden, einige Sorten sogar roh. Nicht essbar sind dagegen die orangeroten bis gelblichen Früchte des Feuerdorns (*Pyracantha*). Sie können auch mit Sanddorn verwechselt werden. Feuerdorn wird gerne als Hecke gepflanzt oder als Strauch in den Vorgarten, da er im Frühjahr duftend blüht und im Herbst die leuchtenden Beeren trägt.

Indische Scheinerdbeere
(Potentilla indica)

Wald-Erdbeeren und Indische Scheinerdbeeren (*Potentilla indica*) sehen sich zum Verwechseln ähnlich. Am Geschmack zeigt sich jedoch sofort, ob es sich um Wald-Erdbeeren handelt: Scheinerdbeeren schmecken nach nichts. Glücklicherweise gelten sie nicht als giftig. Sie stammen aus Asien und wurden als Zierpflanze in Europa eingeführt, an manchen Orten sind sie verwildert und breiten sich aus.

Scheinbeere
(Gaultheria)

Preiselbeeren und **Cranberries** können schnell mit der Scheinbeere (*Gaultheria*) verwechselt werden. Diese Zierpflanze hat ähnliches Laub und ähnliche Beeren. Sie ist nicht genießbar und die meisten Arten gelten as leicht giftig. Diese bei uns als Zierpflanzen verwendeten Gewächse haben ähnliches Laub und ähnliche Beeren. Es gibt zahlreiche Arten, von denen einige, etwa die Niederen Scheinbeere *(Gaultheria procumbens)*, sogar ebenfalls essbar sind. Ihre Blätter eignen sich für Tee. Die überwiegende Anzahl der Arten ist aber leicht giftig.

Zwerg-Holunder
(Sambucus ebulus)

Holunder ist nicht gleich Holunder. Während die Beeren des Schwarzen und Roten Holunders in verarbeiteter Form essbar und gesund sind, enthält der Zwerg-Holunder (*Sambucus ebulus*) Giftstoffe, die zu Erbrechen und Durchfall führen können. Auch manche Sorten des Schneeballs mit schwarzen Früchten sehen dem Holunder ähnlich. Wenn sie reif sind, gelten sie allerdings as ungiftig.

Seidelbast
(Daphne)

Die essbare **Filzkirsche** und der äußerst giftige Seidelbast (*Daphne*) tragen ähnliche Früchte, die dicht am Holz sitzen. Doch während die Filzkirschen bereits im Juni reif sind, werden die Beeren des Seidelbasts erst im August rot. Ihr Fruchtfleisch enthält keine Giftstoffe, dafür aber alle anderen Teile der Pflanze, vor allem Samen und Rinde. Es kann zu Hautreizungen kommen, bei Verzehr treten Übelkeit, Krämpfe und Kreislaufstörungen auf.

Stechpalme
(Ilex aquifolium)

Die **Mahonie** hat entfernte Ähnlichkeit mit dem Ilex, was das Laub betrifft. Doch wird der Ilex viel höher, die Blätter sind glänzender, gezackter und dicker. Während die essbaren Früchte der Mahonie blau sind, hat der Ilex leuchtend rote Beeren. Sie sind giftig, wie auch die anderen Teile der Pflanze. Werden mehr als fünf Beeren gegessen, kann es zu Übelkeit und Erbrechen kommen, möglicherweise auch zu Bewusstseinsveränderungen.

Nachtschatten
(Solanum dulcamara)

Dass sich **Goji-Beeren** und die roten Früchte des Bittersüßen Nachtschatten (*Solanum dulcamara*) ähneln, liegt auf der Hand: Beide gehören zur gleichen Familie, den Nachtschattengewächsen. Doch während Goji-Beeren, auch als Bocksdorn bekannt, genießbar und gesund sind, ist der Bittersüße Nachtschatten giftig. Seine Beeren sind weicher und haben einen eher bitteren Beigeschmack, sie verursachen Durchfall und Erbrechen.

Pfaffenhütchen
(Euonymus)

Ganz unverwechselbar ist das Pfaffenhütchen (*Euonymus*). Seine knalligen Farben sind schon Warnung genug. Die orangefarbene Beere in der Mitte sieht zwar ganz appetitlich aus, doch die pinkfarbenen Schalen drum herum zeigen auch Kindern schon: Diese Früchte sind nur zum Anschauen, denn sie sind stark giftig. Vor allem die Samen haben es in sich und lösen, manchmal erst nach vielen Stunden, Bauchschmerzen und Erbrechen aus.

Verschlungene Pfade im Labyrinth

Wildäpfel eignen sich für ein Labyrinth. Sie lassen sich gut an Spalieren ziehen, mit denen die Hecken gestaltet werden. Aber auch Kirschpflaumen oder Kornelkirschen sind passende Pflanzen für ein Wildobstlabyrinth.

GÄRTNERWISSEN

Platzwunder Spalier

Wildobst lässt sich auch am Spalier ziehen. Damit werden die Sträucher in Form gelenkt, sodass sie nicht viel Platz wegnehmen und auch in den Reihenhausgarten oder sogar auf die Terrasse passen.

Durch schmale Gänge huschen, gespannt um Ecken biegen und versuchen, sich hinter der nächsten Biegung zu verstecken. Der Anflug eines mulmigen Gefühls, wenn der Ausgang dann doch nicht da ist, wo man ihn vermutet – was, wenn wir nicht wieder hinausfinden?

Labyrinthe und Irrgärten faszinieren nicht nur Kinder. Zwar werden sie, etwa im Maisfeld, heute vor allem für junge Besucher angelegt. Doch schätzen auch Erwachsene das Spiel mit dem plötzlichen Richtungswechsel, dem Orientierungsverlust. Manchmal verhelfen sie, zur Ruhe zu finden, wenn der Weg zum Zentrum konzentriert und aufmerksam gegangen wird.

Während ein Irrgarten viele Abzweigungen hat, immer wieder in Sackgassen führt und zum Umkehren zwingt, ist ein Labyrinth ein verschlungener Weg, der automatisch zum Ziel führt. Im Idealfall ist er jedoch so komplex, dass man nach einigen Windungen nicht mehr weiß, aus welcher Richtung man gerade gekommen ist. So etwas braucht viel Platz, zumindest wenn die Anlage so groß sein soll, dass man sich darin verlieren können soll. Ein kleines Labyrinth mit nur wenigen Windungen passt aber auch in den etwas geräumigeren Hausgarten.

Ein Labyrinth muss nicht aus Eiben oder Hainbuchen bestehen – auch Wildobstgehölze am Spalier eignen sich. Damit die Pflanzen genügend Licht und Luft bekommen, sollte der Weg aber bei dieser Art von Labyrinth mindestens 1,5 m breit sein. Für die Tiefe des Spaliers samt Pflanzen, die sich zu beiden Seiten entwickeln, müssen rund 60 cm veranschlagt werden. Soll der Weg genügend Windungen nehmen, damit es interessant wird, ist eine Fläche von rund 300 m^2 nötig.

Machen Sie sich keine Illusion: Bis ein Labyrinth richtig dicht eingewachsen ist, dauert es Jahre. Auch wird Wildobst nie so kompakt wie zum Beispiel eine Eibenhecke wachsen, daher eignet sich so ein Labyrinth kaum für richtige Versteckspiele. Dafür gibt es dort Beeren zum Naschen. Und es ist eine Möglichkeit, viele unterschiedliche Gehölze auf kleinem Raum zu ziehen. Um sie in die gewünschte Form zu bringen, eignet sich das Spalier am besten. Die Zweige können so gebunden werden, dass über die Jahre ein geordnetes Dickicht entsteht.

Ob Labyrinth mit einem einzigen verschlungenen Weg zum Ziel oder Irrgarten mit vielen Sackgassen – so eine Anlage braucht Platz. Rund 300 m² sollten es schon sein.

Pflanzen für ein wildes Labyrinth

Gut eignen sich zum Beispiel Wildäpfel, Kirschpflaumen oder Mispeln – im Grunde alle Pflanzen, die sich auch am Spalier ziehen lassen. Gehölze wie Holunder, Schleh- oder Sanddorn passen nicht in ein Labyrinth, sie wachsen zu schnell, werden zu groß oder machen Ausläufer an den falschen Stellen. Auch Brombeeren haben eher ungeeignete Ranken. Wo soll der Weg im Inneren des Labyrinths enden? Auf einer freien Fläche mit einer Sitzgelegenheit? Unter einem Laubdach? Das könnte zum Beispiel eine in Schirmform gezogene Kornelkirsche bieten.

Damit es nicht allzu lange dauert, bis die Strukturen eingewachsen sind, sollten zwei bis drei Jahre alte Sträucher ausgewählt werden. Sie sind schon etwa 1,5 m hoch und von der Baumschule schon mehrfach umgepflanzt worden, sogenannte Solitärsträucher. Sie haben mehr Volumen als kleine Jungpflanzen. Einfacher geht es mit bereits vorgezogenen Spalieren, die nebeneinander gesetzt werden.

GÄRTNERWISSEN

Das Labyrinth, eine alte Kunst

Schon im Mittelalter gab es Labyrinthe in den Gärten. In der Renaissance wurden sie als Parterres gepflanzt, die eher angeschaut als genutzt werden sollten. Im Manierismus, vor allem aber in der Barockzeit, wurden in herrschaftlichen Gärten große Labyrinthe und Irrgärten geschaffen – aus dichten Hecken, die das Verschwinden in den schmalen Wegen ermöglichten. Als die formalen Gartenanlagen im 18. Jahrhundert durch weitläufige Landschaften ersetzt wurden, verschwanden die Irrgärten und Labyrinthe. Nur wenige sind erhalten, darunter zum Beispiel der dichtgewachsene Eiben-Irrgarten in Hampton Court bei London, der um 1700 angelegt wurde.

Ein Labyrinth anlegen

Ein Labyrinth lässt sich auch im eigenen Garten anlegen, wenn dieser nicht allzu klein ist. Dafür sind ein bisschen Geschick und jede Menge Pflanzen nötig, die am besten an Spalieren gezogen werden.

Klassische Labyrinthe haben zu viele Windungen, um sie im Hausgarten nachbauen zu können. Einfacher ist die nebenstehende Vorlage. Um sie auf den Erdboden zu übertragen, wird auf der Fläche, auf der das Labyrinth entstehen soll, ein Quadrat markiert. In diesem Beispiel hat es eine Seitenlänge von etwa 14 m. Daraus entsteht ein Labyrinth mit einem Durchmesser von knapp 20 m und 314 m² Grundfläche. Der äußere Kreis wird später über die Seiten des Quadrates hinausragen.

- Wenn die vier Eckpunkte des Quadrates markiert sind, wird das Zentrum gekennzeichnet. Am einfachsten wird es durch zwei zwischen den Eckpfosten diagonal gespannte Schnüre ermittelt. (Abb.1)
- Für die weiteren Arbeiten wird in dieses Zentrum ein Pfosten gesetzt. Wie mit einem überdimensionalen Zirkel werden nun mithilfe einer Schnur Kreise um das Zentrum gezogen, die auf dem Boden durch Sand oder Farbe markiert werden. (Abb. 2)
- Der erste Kreis, Kreis A, sollte einen Durchmesser von 1,5 m haben – er wird das Zentrum. Der Zweite, B, einen Durchmesser von 3,6 m, C einen Durchmesser von 5,7 m, D einen von 7,8 m und E, der Fünfte einen von 9,8 m. Die Abstände von 2,1 m zwischen den Kreisen beinhalten 60 cm für das Spalier sowie 1,5 m Breite des Weges.

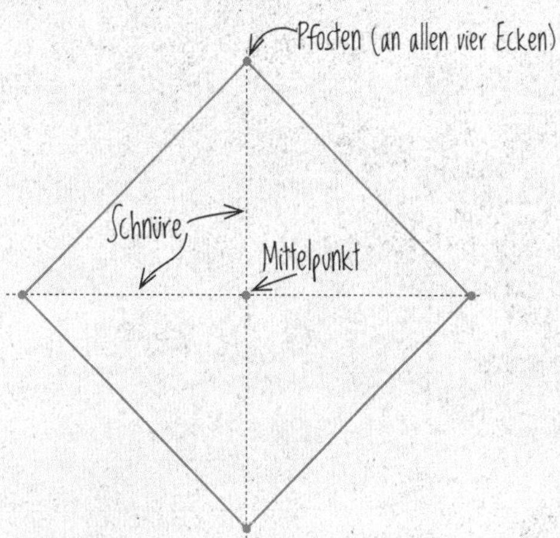

Abb. 1

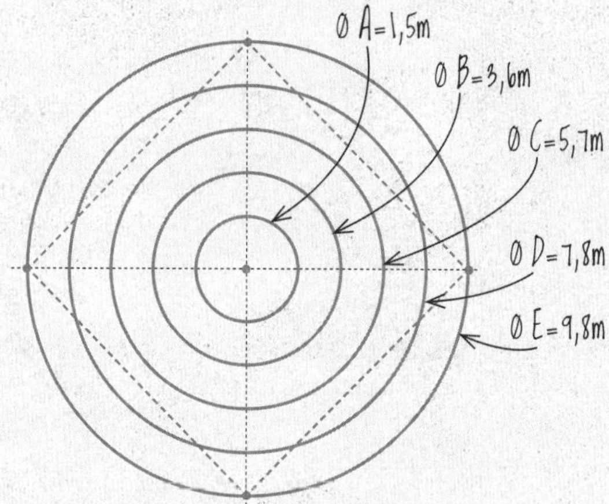

Abb. 2

• Diese nun geschlossenen Kreise müssen auf der Hälfte – dort wo der Eingang des Labyrinths entstehen soll – aufgebrochen und durch Bögen neu verbunden werden. Auf der rechten Seite verbinden sich Kreis A mit E sowie Kreis B mit D. C wird nur bis etwa 1,5 m vor den Bogen, der B und D verbindet, durchgezogen. Auf der linken Seite verbinden sich Kreis E und C, während B im Bogen herausgeführt wird. D wird nur bis etwa 1,5 m vor dem Bogen, der E und C verbindet, durchgezogen. A wird zu einem Viertel geöffnet. (Abb. 3)

• Die so entstandenen Markierungen bilden das Grundgerüst des Labyrinths. Auf dieser Markierung wird gepflanzt. Sollen die Gehölze an einem Spalier wachsen, werden jetzt längs der Markierungen die Pfosten gesetzt, etwa alle 1,5 m einen. Dazwischen werden die Drähte gespannt. (Abb. 4)

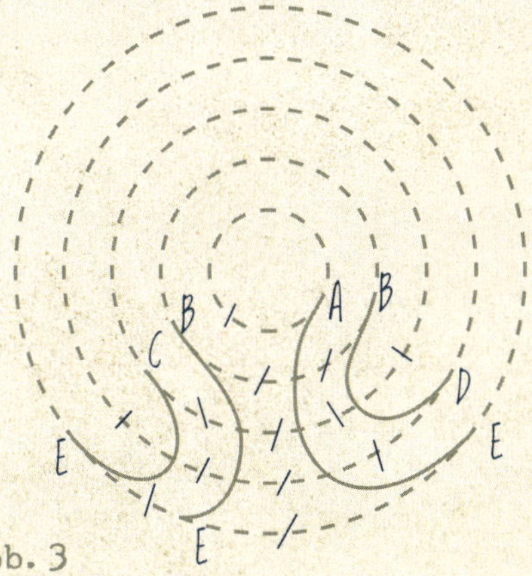

Abb. 3

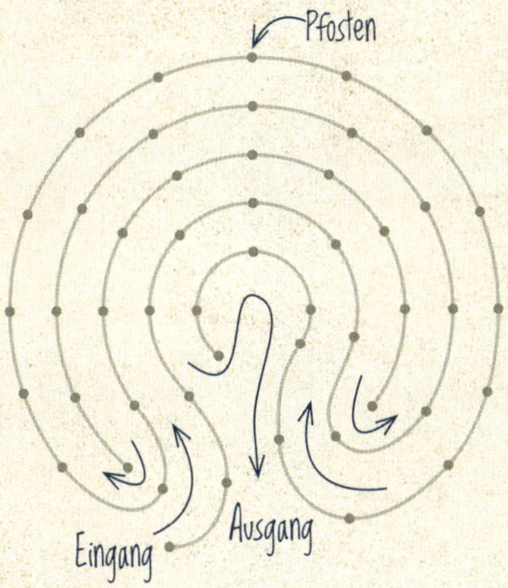

Abb. 4

Den eigenen Weg finden

1. Der Fantasie sind keine Grenzen gesetzt. Ist der Garten zu klein für ein ganzes Labyrinth, können Sie zum Beispiel einen verschlungenen Weg anlegen, der an beiden Seiten von Wildobstgehölzen begrenzt ist: eine Spirale, eine offene Acht, eine Zickzackform.

2. Zeichnen Sie ihren Weg, Ihre Form auf Papier, dann übertragen Sie die Vorlage mit Sand auf den Gartenboden. Vor Ort zeigt sich, was umsetzbar ist und gut aussehen könnte. Wie hoch sollen die Gehölze sein? Woraus soll der Boden bestehen – aus Kies, Mulch, Rasen?

3. Achten Sie bei der Breite des Weges darauf, dass alle Pflanzen genügend Licht und Luft haben, um sich entwickeln zu können.

Ein Spalier bringt Gehölz in die gewünschte Form. Bei viel Platz, Licht und Luft können die Bäume und Sträucher unterpflanzt werden – mit Stauden oder Einjährigen.

Den Garten ins Haus holen

Zweige voller Äpfelchen und Beeren, leuchtende Hagebutten – Wildobst ist eine einfache, natürlich wirkende Dekoration, die den Garten ins Haus holt.

Ist ein gutes Jahr für Wildäpfel, sind genügend Früchte übrig, um sie zu einer Girlande aufzufädeln. Dazu wird ein fester Zwirn- oder Wollfaden durch eine dicke Stopfnadel gefädelt und dann vorsichtig durch die Äpfel gezogen. Damit es wirkungsvoll wird, werden aber viele Früchte benötigt, mindestens 50 Stück!

Ein Kranz lässt sich im Herbst aus allem binden, was noch vorhanden ist: aus kleinen Hagebutten, Ebereschen oder auch Weißdorn und Sanddorn. In der Adventszeit ist zwar das meiste bereits verwertet – von Tieren gefressen oder von selbst vergangen. Doch gibt es immer noch ein paar Hagebutten, die sich auch als Bestandteil weihnachtlicher Dekoration gut eignen.

Für Blüten in der Weihnachtszeit werden Barbarazweige geschnitten: Am 4. Dezember, dem Tag der Heiligen Barbara, Zweige von Filzkirschen, Hasel, Kirschpflaumen, Holunder oder Wildäpfeln aus dem Garten holen und ins Wasser stellen. Sie blühen innerhalb von drei Wochen auf und bringen eine Vorahnung von Frühling ins Haus.

Für eine äußerst vergängliche Winterdekoration an sehr eisigen Tagen lassen sich auch einzelne Beeren, kleine Hagebutten oder auch trockene Blütenstände einfrieren. Dazu eine flache Form, zum Beispiel ein Backförmchen aus Silikon, etwa 1 cm hoch mit Wasser füllen und die Beeren hineingeben. Sie können zwar arrangiert werden, doch wenn die Form ins Eisfach gestellt wird, bewegen sie sich im Wasser, sodass auch immer der Zufall mitspielt. Nach ein paar Stunden im Gefrierfach sind flache Formen aus Eis entstanden, in die nun mit einem heißen Nagel – mit der Zange festgehalten und an der Kerzenflamme erhitzt – ein Loch geschmolzen wird. Ein Band hindurchziehen und bei Frostwetter draußen aufhängen. Das Vergnügen mag kurz sein, doch ist es ein sehr Ästhetisches.

Schmelzende Winterdekoration aus Eis: Frieren Sie Beeren und Blätter ein und hängen Sie sie an eisigen Tagen vor das Fenster. Ein natürlicher Schmuck, der bleibt, bis die Temperaturen wieder steigen.

Ein Kranz kann aus allem gebunden werden, was der Garten im Herbst hergibt: Hagebutten, Beeren, letzte Blüten, aber auch Wildäpfel, trockene Samenstände, Nüsse und kleine Zweige.

Spalier: gebändigte Wildheit

Mit einem Spalier kann Wildes gebändigt und in einen kleinen Garten integriert werden, der sonst kaum Platz dafür hätte. Die Pflanzen haben weniger Volumen als frei wachsende, daher gibt es weniger zu ernten. Aber die Früchte sind dafür sehr gut zugänglich und leicht zu ernten.

Wildapfelbäume wachsen gut am Spalier. Die Zweige werden in die gewünschte Form geleitet, neue Triebe notfalls gekappt. Die Äpfel, die im Winter lange hängen bleiben, sind sehr dekorativ, genau wie die Blüten im Frühjahr.

Viele Wildobstgehölze lassen sich am Spalier ziehen. Das geht an einer Mauer, aber auch am Gerüst, sodass eine schmale Hecke entsteht, die Sichtschutz bietet – etwa auf der Grundstücksgrenze. So können die Wärme einer Hauswand – zum Beispiel für Feigen – oder begrenzter Raum gut ausgenutzt werden. Ein Kronenspalier aus Zieräpfeln oder Kornelkirschen ist dekorativ und kann den Garten ebenfalls abschirmen.

Nach wenigen Jahren verdecken die Zweige die Drähte und Pfosten, an denen die Spalierpflanzen gezogen werden. Es entsteht eine dichte, aber sehr schmale Hecke, die Sichtschutz in der gewünschten Höhe bietet.

Pfosten und Draht

Das einfachste Spalier besteht aus Pfosten, zwischen denen horizontale Drähte gespannt werden. Ist eine Mauer vorhanden, können die Drähte auch direkt daran verankert werden – wichtig ist, einen Abstand von etwa 2 Handbreit zur Wand zu lassen. Die Drähte sollten etwa 40 cm auseinanderliegen.

Für ein frei stehendes Spalier werden Einschlagbodenhülsen und dazu passende Holzpfosten von etwa 2 m Länge benötigt, außerdem etliche Meter Draht zum Spannen, Seilspanner, Haken zum Einschrauben, Holzpflöcke und das passende Werkzeug: Wasserwaage, Zange, Seitenschneider und Vorschlaghammer.

Das Spalier steht am besten in Nord-Süd-Ausrichtung. Die Hülsen werden an die richtige Position gesetzt und gegebenenfalls mit der Wasserwaage ausgerichtet, sonst kann es passieren, dass die Pfosten später schief stehen. Dann werden sie mit dem Hammer in den Boden getrieben – am besten ein Brett zwischen Hammer und Metall legen. Die Holzpfosten hineinsetzen und die Höhe der Drähte markieren, indem vom Boden aus alle 40 cm eine Markierung gemacht wird. Dort werden dann die Haken hineingeschraubt. Den Draht durch die Haken führen und befestigen, mithilfe des Spanners leicht anziehen. Wenn alle Drähte an Ort und Stelle sind, werden sie richtig festgezogen. Um dem Gerüst Stabilität zu geben, sollten die Pfosten nach außen mit Drähten und Holzpflöcken abgespannt werden.

Dann können die Sträucher, zum Beispiel ein Wildapfel, an das Spalier gepflanzt werden. Das Gehölz sollte schon etwa 1,5 m Höhe haben und bereits gut verzweigt sein, sonst bleibt das Spalier unten kahl. Die Triebe werden nun behutsam auf die Drähte geleitet und mit einer Hohlschnur aus Kunststoff festgebunden. Sie wächst mit und schneidet nicht ein. Jedes Jahr kommen neue Triebe hinzu, sie werden im Spätsommer gebunden oder weggeschnitten. Das Spalier wird immer dichter, was bei Wildobst wünschenswert ist. Alte Triebe können nach einigen Jahren erneuert werden. Zwischen den Pflanzen muss Platz sein: Bei Gehölzen, die etwa 2 m hoch werden, rund 1,5 m auf jeder Seite.

Angebunden und geleitet

1. Ein Spalier ist keine Kletterhilfe. An ihm werden Pflanzen gezogen, die nicht von allein ranken, sondern angebunden, geleitet und geschnitten werden. Das macht weniger Arbeit, als es zunächst vermuten lässt: Einmal im Jahr müssen die neuen Triebe gebunden oder geschnitten werden.

2. Für ein Spalier eignen sich zum Beispiel Kornelkirschen, Zwerg-Ebereschen, Kirschpflaumen und Feigen, aber auch Maulbeeren, wenn sie im Zaum gehalten werden.

3. Alles, was starkwüchsig oder sparrig ist, lässt sich dagegen nicht gut am Spalier ziehen: Holunder, Schlehdorn, Traubenkirschen oder Scheinquitten.

GÄRTNERWISSEN

Obst am Draht

Schon im Mittelalter wurden Pflanzen an Rankhilfen gezogen, vor allem Wein in den Klostergärten und Gutshöfen. In der Renaissance kamen die ersten Obstspaliere auf: Zunächst waren es Obsthecken, die, wenn nötig, an einer Wand befestigt wurden. Die Kunst und Technik, die Triebe der Pflanzen in Form zu leiten, wurde in französischen Schlossgärten verfeinert und ist seit dem 18. Jahrhundert auch in anderen Ländern, etwa den Niederlanden, weit verbreitet und längst nicht mehr nur in herrschaftlichen Gärten zu finden. Das Wildobstspalier unterscheidet sich von den üblichen Zierspalieren durch stärkeren Wuchs und heckenartige Anmutung.

Zweige werden mit hohlen Kunststoff-Schnüren gebunden. Sie dehnen sich und schneiden nicht ein, wenn das Gehölz wächst. Nach einigen Jahren müssen die Schnüre erneuert werden.

Die Triebe, wie hier die der Goji-Beere, werden an den Drähten entlanggeleitet und festgebunden. Jedes Jahr kommen neue Zweige dazu. Altes und alles, was sich nicht gut binden lässt, wird herausgeschnitten.

Leckere Sorten für den Familiengarten

Wilde Fruchtzwerge und Geschmacksriesen

Erdbeere

(Fragaria)

Erdbeeren gehören zum beliebtesten Obst überhaupt, und gerade bei Wald-Erdbeeren lässt sich noch viel Unbekanntes entdecken. Sie sind kleiner, dafür aber aromatischer als die großen Garten-Erdbeeren. Es gibt rote, rosafarbene und weiße, sie schmecken frisch am besten, ergeben aber auch wunderbare Marmelade. Manche blühen den ganzen Sommer über, viele sind zudem gute Bodendecker für den Garten. Da die Pflanze so klein ist, lässt sie sich problemlos im Topf ziehen.

Feige

(Ficus carica)

Frisch zergehen sie auf der Zunge, getrocknet werden sie ganz süß und passen in die Weihnachtszeit. Feigen sind aus dem mediterranen Raum bekannt, doch einige Sorten wachsen auch bei uns an einem warmen, geschützten Platz. Im Weinbauklima eignet sich ein Feigenbaum gut als Hausbaum, der mitunter sogar 2-mal pro Jahr trägt. Die Feige kann etwa 10 m hoch werden, lässt sich aber auch durch einen Schnitt klein halten. Einige Sorten eignen sich für den Topf, brauchen dann aber einen Ort zum Überwintern.

Felsenbirne

(Amelanchier)

Roh genascht schmecken die kleinen Früchte am besten. Sie ähneln vom Aussehen Heidelbeeren und lassen sich auch zu Kompott oder Marmelade verarbeiten. Getrocknet erinnern sie an Rosinen. Die Felsenbirne, die bis zu 10 m hoch werden kann, ist das ideale Wildobstgehölz für den Familiengarten: Im Frühjahr bekommt sie unzählige weiße Blüten, im Sommer die Früchte, im Herbst überrascht sie mit einer schönen Laubfärbung. Durch Schnitt lässt sich das Gehölz klein halten.

Japanische Weinbeere

(Rubus phoenicolasius)

Sie ähnelt der Himbeere, doch glänzen die Früchte – beinahe so, als wären sie gläsern. Sie schmecken frisch und aromatisch und werden am besten direkt vom Strauch gegessen. Aus ihnen lässt sich aber auch Saft und Gelee herstellen. Die Japanische Weinbeere hat feine Stacheln, daher will sie behutsam angefasst werden. Die Pflanze entwickelt lange Triebe, die am besten an einem Rankgerüst aufgebunden werden. Sie ist pflegeleicht, es sollten nur regelmäßig alte Triebe entfernt werden.

Heidelbeere

(Vaccinium myrtillus, Vaccinium corymbosum)

Blauschwarze leckere Beeren, die die Finger färben: Von Waldspaziergängen kennt man sie, doch wachsen die kleinen Sträucher auch gut im Garten oder auf dem Balkon im Topf. Die Heidelbeere bekommt außerdem eine schöne rote Herbstfärbung. Sorten gehen meist auf die amerikanische Heidelbeere zurück. Die Beeren sind zwar auch blau, haben aber weißes Fruchtfleisch und färben nicht. Alle benötigen sauren Boden, um zu gedeihen. Am besten werden mehrere Sorten zusammengesetzt, dann gibt es mehr Früchte.

Kirschpflaume

(Prunus cerasifera)

Saftig und süß sind die Früchte der Kirschpflaume. Sie schmecken roh gut oder werden verarbeitet zu Marmelade und Kompott. Die Kirschpflaume wächst schnell und wird mit 6 m Höhe und 4 m Breite recht umfangreich, sie eignet sich daher eher für größere Grundstücke. Um zu gewährleisten, dass die Blüten im Frühjahr auch befruchtet werden, müssen außerdem mehrere Kirschpflaumen gepflanzt werden. Das Gehölz kommt im milden Stadtklima zurecht und ist frosthart. Staunässe verträgt es allerdings nicht.

Mini-Kiwi

(Actinidia arguta)

Die süß-säuerlichen kleinen Früchte, die ungeschält gegessen werden können, sind das ideale Naschobst. Im frühen Herbst hängen sie in dichten Trauben an den Trieben. Auch Marmelade lässt sich aus ihnen kochen. Mini-Kiwis sind rankende Gehölze, die ein stabiles Gerüst wie eine Pergola benötigen, optimal ist ein windgeschützter Ort. Um auch ernten zu können, müssen weibliche und mindestens eine männliche Pflanze in den Garten geholt werden.

Ölweide

(Elaeagnus)

Im Herbst lassen sich die kleinen murmelähnlichen roten Früchte direkt vom Strauch pflücken. Sie schmecken süß, manchmal haben sie einen bitteren Beigeschmack. Auch Gelee oder Saft wird aus ihnen gekocht. Das silbrige Laub der Ölweide macht sie zu einer dekorativen Pflanze für den Garten. Pflegeleicht ist sie ohnehin und lässt sich auch zurückschneiden, wenn sie nicht zu voller Größe von rund 5 m Höhe auswachsen soll. Sie passt auch in eine Wildobsthecke und verträgt Trockenheit.

LOCK
OPEN

Wildes richtig pflegen

Wildobst braucht nur wenig Pflege. Die meisten Gehölze sind äußerst robust und daher auch für Gartenanfänger geeignet. Gut ist es jedoch zu wissen, wann am besten gepflanzt, gedüngt und geschnitten werden sollte.

Pflanzen zur rechten Zeit

Wie andere Laubgehölze auch wird Wildobst am besten in den Herbst- und Wintermonaten gepflanzt. Sträucher und Bäume werden umgesetzt, wenn die Blätter gefallen sind – vorausgesetzt, der Boden ist nicht gefroren. Das gilt aber vor allem für wurzelnackte Pflanzen, solche, die ohne Erdballen oder Topf verkauft werden. Die meisten Gehölze gibt es aber bereits im Topf als sogenannte Containerware. Sie können zu jeder Jahreszeit gepflanzt werden – heiße Sommertage ausgenommen. Als optimal gilt der September, denn dann kann die Pflanze noch vor Wintereinbruch einwurzeln. Frostempfindliches wie Feige, Walnuss oder Mini-Kiwi sollte im Frühjahr gesetzt werden, damit es über den Sommer hinweg schon gut einwurzeln kann.

Ein guter Start ist wichtig: Das Pflanzloch sollte großzügig ausgehoben werden, für die erste Saison wird das Gehölz mit Kompost, organischem Dünger und ausreichend Wasser versorgt.

Der passende Boden

Zwar sind Wildobstgehölze meist nicht sehr wählerisch, was ihren Standort angeht, doch kommen nicht alle mit jedem Boden zurecht. Auf Gesteinsarten wie Basalt, Granit und Sandstein ist der Boden sauer, was zum Beispiel Heidelbeeren entgegenkommt, aber Kornelkirschen nicht gefällt. Auf Muschelkalk ist der Boden basisch – hier fühlen sich Mispeln wohl, Cranberries dagegen nicht. Gegen die Bodenverhältnisse im Garten anzuarbeiten, ist mühsam und bleibt eine Daueraufgabe. Besser ist es, die Pflanzen passend zum Erdboden im Garten auszuwählen. Wer genau über die Beschaffenheit der Erde Bescheid wissen möchte, entnimmt eine Probe. Mit einem Test-Set kann man den pH-Wert selbst bestimmen. Liegt er zwischen 0 und 7, gilt der Boden als sauer, liegt er zwischen 7 und 14, ist er alkalisch. Eine genauere Analyse bieten Landwirtschaftskammern an. Dazu wird eine Probe eingeschickt.

Erde besteht aus Sand, Schluff, Ton und ein wenig Humus – Pflanzenresten, die Nährstoffe bringen. Die Konsistenz lässt sich leicht per Hand feststellen. Bei lehmigem Boden sind die drei Hauptkomponenten ausgewogen: Die Erde lässt sich in der Hand formen, bricht aber nach einer Zeit auseinander. Bei sandigem oder schluffigem Boden fehlt Ton, er bleibt lose und unformbar. Bei schwerem Boden überwiegt der Ton, daher lässt sich diese eher klebrige Erde auch problemlos in eine haltbare Form bringen.

Wie ist der Boden beschaffen? Ob lehmig, sandig oder schwer mit hohem Tonanteil – das findet man schnell selbst heraus. Genauere Angaben liefert eine Bodenprobe, die im Labor analysiert wird.

Gut vorbereitet

„A penny *for the plant, a pound for the hole"* heißt es in England – ein Pfennig für die Pflanze, ein Pfund für das Loch. Eine Gärtnerweisheit, die das in den Blick rückt, was in der Eile des Pflanzens oft übersehen wird: die Erde. In ihr soll die Pflanze wachsen, gedeihen, Früchte tragen und alt werden. Hier lebt sie, hier bekommt sie ihre Nährstoffe. Wenn sie gut Fuß fassen soll am neuen Ort, braucht sie die beste Starthilfe, die man ihr geben kann. Immerhin kann sie sich die Stelle nicht aussuchen, sondern muss dort zurechtkommen, wo der Gärtner es für richtig hält.

Bevor das Pflanzloch ausgehoben wird, sollte man sich die Erde ringsherum anschauen, sie gegebenenfalls auflockern und von Steinen und allzu kräftig wachsenden Kräutern befreien. Wenn umgegraben wird, sollte man am besten mit dem Pflanzen einige Tage warten, bis sich der Boden gesetzt hat. Dann den Kompost auf der Erde verteilen – etwa zu 5 l/m² – und locker mit dem Grubber einarbeiten.

Wenn der Garten ganz neu ist, braucht der Boden möglicherweise mehr Aufmerksamkeit. Am Neubau ist er oft verdichtet wegen der schweren Fahrzeuge, die während der Bauzeit darübergefahren sind. An solchen Orten sollte die Erde stark aufgelockert werden. Manchmal sind auch Drainagen notwendig, um Staunässe zu verhindern – denn die schadet fast allen Pflanzen. Oftmals ist die Erde auch mit Bauschutt und Sand vermischt, dann muss der Oberboden mit Muttererde verbessert werden. Ratsam ist es, sich von Fachleuten beraten lassen – lieber anfangs etwas mehr Zeit und Geld investieren als jahrelang nachbessern.

Vor dem Einpflanzen gibt man etwas mit Kompost, Gesteinsmehl und organischem Dünger angereicherte Erde in das Pflanzloch. Der Boden sollte frei von Steinen und allzu kräftigen Kräutern sein.

Richtig einpflanzen

Beeren werden so tief gepflanzt, wie sie im Topf standen. Sind die untersten Knospen bedeckt, treiben sie besser aus. Ein angehäufelter Gießwall sorgt dafür, dass das Wasser an die Wurzeln gelangt.

Das Pflanzloch muss mindestens doppelt so groß sein wie der Topf. Steht die Pflanze in einem 30-cm-Topf, sollte das Loch 60 cm breit und tief ausgehoben sowie unten mit der Grabegabel aufgelockert werden. Dann ist die herausgenommene Erde mit Kompost, Gesteinsmehl und organischen Dünger zu vermengen. Als Faustregel gilt: Auf eine Karre Kompost kommen 1 kg organischer Dünger. Sollte der Boden sehr sandig und karg sein, kann 1 kg Bentonit, ein wasserspeicherndes Gesteinsgranulat, zugegeben werden. Ist der Boden zu schwer, wird dagegen Sand unter den Kompost gemischt. Bei sauren Böden kann Kalk helfen, ein basischeres Milieu zu erzeugen. Diese Mischung wird, etwa im Verhältnis 1:2, mit dem Erdaushub vermengt und wieder mit ins Pflanzloch gegeben. So bekommt das Gehölz einen guten Start und braucht für die ersten zwei bis drei Jahre keinen weiteren Dünger.

Bei säureliebenden Pflanzen kann der Boden mit Sägemehl, Hackschnitzeln oder Rindenmulch gesäuert werden. Heidelbeeren zum Beispiel gedeihen gut, wenn sie dick mit Sägemehl oder mit Nadelstreu von Koniferen gemulcht werden.

Gehölze gibt es oft als wurzelnackte Pflanzen. Sie sollten mehrere Stunden lang gewässert werden, ehe sie in die Erde kommen. Lange Wurzeln werden gekappt. Auch Ballen- und Containerpflanzen müssen gut gegossen werden. Ballen samt Jutestoff einpflanzen, allerdings muss er oben geöffnet werden. Bei Containerpflanzen den Wurzelballen etwas auflockern.

Werden junge Bäume gepflanzt, Walnüsse zum Beispiel, ist ein Stützpfahl sinnvoll. Er muss vor dem Pflanzen etwa einen halben Meter tief eingeschlagen werden und sollte etwa so lang sein wie der Stamm. Dann wird der Baum mit Stricken oder hohlen Kunststoffbändern angebunden, am besten in Form einer lockeren Acht, das verhindert Scheuerstellen. Größere Gehölze alleine in die Erde zu bringen, ist schwierig. Besser klappt es mit einem Helfer, der die Pflanze hält. Der Baum wird etwas gerüttelt, damit sich die Erde setzt. Dann wird angegossen, die Erde um den Wurzelballen festgetreten und einen Gießwall angehäufelt: Nicht mit Wasser sparen, sondern kräftig gießen und die Pflanze richtig einschlämmen.

Beerensträucher kommen fast immer im Container. Sie werden in der Regel so tief gepflanzt, wie sie auch im Topf standen. Johannis-, Brom- und Himbeeren werden allerdings etwas tiefer gesetzt. Wenn die untersten Knospen mit Erde bedeckt sind, treiben sie besser aus. Hochstämmchen brauchen, auch wenn sie damit nicht so dekorativ aussehen, immer einen Stützpfahl.

Nach dem Pflanzen sollten die Gehölze stets genügend Wasser bekommen, bis sie gut angewachsen sind. Wenn die Erde mit Laub oder Rindenmulch bedeckt ist, hält das die Feuchtigkeit im Boden und schützt im Winter vor Frost.
Bei jungen Bäumen, aber auch Beeren, sollten in den ersten Jahren Baumscheiben freigehalten werden. Denn andere Pflanzen, die sich dort ansiedeln, können den Gehölzen Nährstoffe und Wasser wegnehmen.

Auf eine Karre Kompost kommt 1 kg organischer Dünger, bei Bedarf auch Kalk, Sand oder wasserspeicherndes Granulat. So bekommen die Gehölze einen optimalen Start am neuen Standort.

Düngen und Mulchen

Wildobst ist genügsam. Große Mengen Dünger werden nicht benötigt, vor allem kein mineralischer Dünger. Organischer Dünger wird am besten schon beim Pflanzen zugegeben, dann ist einige Jahre kein Dünger mehr notwendig.

Mulchen bringt ebenfalls Nährstoffe in den Boden. Rasenschnitt enthält viel Stickstoff und eignet sich gut als Dünger, wenn er dünn aufgebracht wird – so locker, dass er nicht fault. Laub sollte im Herbst liegen bleiben, denn es wird von den Bodenlebewesen zu feinem Humus zersetzt. Auch Häcksel aus Zweigen, Trieben und harten Stängeln dient als Mulch.

Wird nicht gemulcht, sollte alle paar Jahre Kompost zugegeben werden: Am besten mit organischem Dünger und eventuell Bodenverbesserer mischen und mit dem Grubber einarbeiten. Bei Pflanzen, die sauren Boden brauchen, wie zum Beispiel Heidelbeeren, sollte eher sparsam mit Kompost umgegangen werden. Dort empfiehlt es sich, mehr organischen Dünger, Hornspäne und Sägemehl zu verwenden.

Mulch aus verrottendem Laub ist der ideale Bodenverbesserer aus dem eigenen Garten. Der Humus reichert die Erde an. Alternativ kann alle paar Jahre Kompost aufgebracht werden.

Gekonnt schneiden

Ein Schnitt ist nötig, wenn ein Gehölz zu groß für den Garten wird – aber auch, wenn eine Pflanze nicht mehr viele Früchte liefert. Dann hilft eine Verjüngung. Auch abgetragenes Holz sollte herausgeschnitten werden, bei Himbeeren zum Beispiel. Generell gilt es, die Wunde beim Schneiden so klein wie möglich zu halten. Dazu ist ein sehr scharfes Werkzeug notwendig. Wichtig ist, nicht zu schräg zu schneiden.

Triebe werden immer ein Stückchen über der Knospe gekappt, aus der die Pflanze neu austreiben soll. Dazu sind Feingefühl und etwas Übung nötig. Denn bleiben zu lange Stummel stehen, können sich Krankheitserreger einnisten. Wird zu nahe an der Knospe geschnitten, treibt sie nicht mehr aus.

Zweige und Äste sollten möglichst nahe am Ast beziehungsweise Stamm entfernt werden – wiederum so, dass die Wunde möglichst klein bleibt. Ein Schnitt kurz vor der Ansatzstelle kann sich am besten wieder verschließen. Für größere, schwere Äste gibt es eine bewährte Methode: Erst etwa eine Handbreit vom Stamm von unten ansägen. Dann, eine Handbreit weiter, von oben nach unten durchsägen. Das verhindert, dass ein dicker Ast splittert. Übrig bleibt ein Stummel, der möglichst nahe am Stamm entfernt wird.

Ob eine Wunde behandelt werden soll oder nicht, dazu gibt es unterschiedliche Meinungen. In der Regel trocknet sie aber ohne Behandlung schnell und die Pflanze verschließt die offene Fläche selbst.

Der Winter ist die beste Zeit für den Schnitt: Wenn die Pflanzen kein Laub haben, lässt sich ihre Struktur gut erkennen – und so die Stellen, wo die Schere angesetzt werden sollte. Wird in den Wintermonaten geschnitten, wächst das Gehölz in der nächsten Saison schneller. Je früher der Schnitt, desto stärker wachsen die Triebe. Das ist bei langsam oder schwach wachsenden Pflanzen sicherlich erwünscht, bei allem, das stark wächst, aber zu bedenken. Je später gegen Winterende geschnitten wird, desto besser können die Wunden verheilen.

GÄRTNERWISSEN

Die goldene Schnitt-Regel

„Ein starker Schnitt fördert starken Austrieb, schwacher Schnitt schwachen Austrieb."

Ein Sommerschnitt hat den Vorteil, dass das Gehölz die Schnittstelle besser verschließen kann. Ein solcher Schnitt bremst das Wachstum bei schnell wachsenden Gehölzen. Wildtriebe und Störendes am Stamm werden gekappt. Beim Spalier wird der Neuaustrieb, der nicht gebunden werden kann, weggeschnitten. Auch können kranke Zweige, die zum Beispiel von Mehltau befallen sind, entfernt werden.

Möglichst scharf sollte das Werkzeug für den Schnitt sein. Sonst kommt es zu Quetschungen und größeren Wunden, in die Krankheitserreger eindringen können. Ein glatter Schnitt verheilt am besten.

Krankheiten und Schädlinge

Wildobstgehölze sind in der Regel wenig anfällig für Krankheiten. Blattläuse oder Mehltau brauchen meist nicht bekämpft zu werden. Aufmerksam sollten Gärtner sein, wenn Triebe welk werden. Diese Partien müssen bis weit ins gesunde Holz herausgeschnitten werden – am besten unter fachlichem Rat. Meist sind Pilze die Ursache. Gefährlich ist jedoch der Feuerbrand, eine meldepflichtige Krankheit, die von Bakterien ausgelöst wird und sich sehr schnell ausbreitet. Befallen werden können Wildäpfel und Quitten, aber auch Ebereschen, Mehlbeeren, Apfelbeeren, Felsenbirnen und Mispeln.

Alarmzeichen: Wenn Blätter und ganze Triebe welk werden wie bei dieser Vogelbeere, kann es sich um den Feuerbrand handeln – eine hoch ansteckende Pflanzenkrankheit.

Das wichtigste Werkzeug

Welche Gartengeräte brauche ich wirklich? Diese Frage stellen sich nicht nur Gartenanfänger. Meist ist weniger mehr. Entscheidend ist vor allem, dass Spatenstiel und Schere gut in der Hand liegen.

Vielerlei Werkzeug ist im Handel erhältlich. Probieren Sie aus: was liegt gut in der Hand, was ist hochwertig verarbeitet? Kaufen Sie lieber weniger, dafür ausgesuchte Qualität, denn solche Geräte halten viele Jahre.

Die Auswahl an Gartengeräten im Handel ist unüberschaubar groß. Rosenscheren und Spaten gibt es schon beim Discounter, am anderen Ende der preislichen Skala steht handgeschmiedetes Werkzeug und solches mit Elektroantrieb. Was zur eigenen Art des Gärtnerns am besten passt, wird oft erst beim Ausprobieren klar. Einen Rat geben erfahrene Gärtner aber gerne mit auf den Weg: Investieren Sie lieber in wenige, dafür gute Gerätschaften. Eine Rosenschere für ein paar Euro fällt manchmal schon nach einer Saison auseinander. Das ist herausgeworfenes Geld. Generell gilt: Gibt es auch Ersatzteile für das Gerät, lohnt die Anschaffung.

EINFACH & GUT

Scharf muss es sein!

Das Schneidewerkzeug sollte immer scharf sein, da sonst Quetschungen und Risse entstehen, durch die Krankheitserreger in die Pflanze eindringen können.

Zum Schneiden

Eine Garten- oder Rosenschere ist unerlässlich, mit ihr lassen sich Triebe und Zweige bis zu einem Durchmesser von etwa 1,5 cm kappen. Es gibt zwei Typen von Scheren: Die Bypass- und die Amboss-Schere. Bypass-Scheren haben wie übliche Scheren zwei Klingen, die aneinander vorschneiden. Mit ihnen lässt sich genauer arbeiten als mit den Amboss-Scheren, bei denen die scharfe Klinge auf eine breitere Metallklinge trifft, den Amboss. Zwar braucht man bei diesem Werkzeug weniger Kraft zum Schneiden, doch wird das Holz schneller gequetscht und beschädigt. Auch können Äste nicht so nahe am Stamm abgeschnitten werden wie mit einer Bypass-Schere.

Die Rosenschere ist ein ständiger Begleiter im Garten. Sie kappt Stängel, Triebe und Zweige. Mit einer Bypass-Schere wie dieser lässt sich exakter arbeiten als mit einer Amboss-Schere.

Mit der Astschere sind auch dickere Zweige schnell durchtrennt. Durch die langen Griffe erreicht man auch schwer zugängliche Äste in der Baumkrone. Scharfes Werkzeug hinterlässt einen glatten Schnitt.

Grubber helfen, den Boden aufzulockern, Erdklumpen aufzubrechen und Kompost einzuarbeiten. Handgeräte eignen sich eher für kleine Beete und Töpfe, Grubber mit Stiel für größere Flächen.

5 Freunde für den Gärtner

1. **Handschuhe** schützen Finger nicht nur vor Schmutz, sondern auch vor Splittern und kleinen Dornen. Ziehen Sie bei Rosen und anderen stacheligen Gehölzen wie Berberitzen unbedingt feste Lederhandschuhe an!

2. **Gießkanne** und, beim größeren Garten, **Gartenschlauch** sind unerlässlich, um die Pflanzen wässern zu können.

3. **Eimer, Gartensack und Schubkarre** sind notwendig, um Schnittgut oder auch Erde zu transportieren.

4. Der **Laubbrechen**, möglichst leicht und elastisch, holt im Herbst Blätter vom Rasen und hilft, sie ins Beet oder auf den Kompost zu bringen.

5. Haben Sie Rasen, sollten Sie den **Mäher** nach Größe und Beschaffenheit des Grundstücks auswählen. Handmäher eignen sich nur für kleine Flächen, Benziner vor allem für Gärten ab mehreren Hundert Quadratmetern Größe.

Mit einer Astschere mit langen Griffen können Zweige und Äste geschnitten werden, die für die Gartenschere zu dick sind. Dafür empfiehlt sich aber auch eine Astsäge, etwa eine Bügelsäge oder eine Klapp- bzw. Faltsäge, die sich zusammengeklappt gut in der Hosentasche verstauen lässt.

Für den Boden

Ein Spaten zum Umgraben oder Ausheben der Pflanzlöcher sollte vor allem gut in der Hand liegen und zur Körpergröße passen. Das ist wichtiger als Größe oder Beschaffenheit des Blattes. Probieren Sie das gerne im Geschäft aus!

Eine Grabegabel ist unerlässlich, um den Boden aufzulockern oder Pflanzen auszugraben. Die Hacke oder Schuffel dient zur Bodenlockerung und zur Entfernung von Kräutern, die am falschen Ort wachsen. Es gibt viele verschiedene Formen – je schwerer der Boden, desto kleiner sollte das Blatt sein.

Der Sauzahn ist das einfachste, zierliche Gerät, um den Boden aufzulockern. Mit ihm lässt sich auch gut jäten.

Der Grubber hilft, größere Erdklumpen aufzubrechen, die obere Bodendecke zu lockern und Kompost einzuarbeiten. Mit der Harke wird Erde zerkrümelt und glattgestrichen. Handschaufeln eignen sich zum Ein- und Ausgraben kleinerer Pflanzen und für alles, für das der Spaten zu groß ist. Mit der Schaufel werden Sand oder Kompost im Garten verteilt.

Die 40 besten Wildobstarten

Naturgarten – Tierische Gäste lieben dieses wilde Obst. Hummeln, Amseln und Co. danken es Ihnen. Ideal für Ihren Naturgarten.

Küchengarten – Gourmets aufgepasst! Hier handelt es sich um besonders schmackhaftes Obst zum Vernaschen. Leckeres für Ihren Küchengarten.

Familiengarten – Ein wildes Früchtchen für Groß und Klein. Es sucht ein Zuhause mit Familienanschluss. Zuwachs für Ihren Familiengarten

Apfelbeere

(Aronia)

Naturgarten

Küchengarten

AUF EINEN BLICK

Superfood, nicht nur für Vögel und Insekten

Essbar als: Marmelade, Gelee, Zugabe zu Säften, Soßen, Joghurt

Standort: nicht zu trocken, nicht zu kalkhaltig; Sonne bis Halbschatten

Im August sieht es aus, als ob winzige schwarze Äpfelchen am Strauch hängen. Probiert man sie, ziehen sie den Mund zusammen. Doch der Nachgeschmack ist angenehm frisch und erinnert leicht an Quitten. Apfelbeeren sind sehr saftig und voller Anthocyane, die ihnen die dunkle Farbe geben. Aber auch Vitamin C ist enthalten, außerdem Zucker und Pektine. Vögel lieben sie – wer ernten möchte, muss den Tieren zuvorkommen.

Die Apfelbeere passt gut als Solitär in einen kleineren Garten, im Frühjahr ist sie sehr dekorativ mit ihrer weißen Blüte. Ist mehr Platz vorhanden, können mehrere Sträucher zusammengesetzt werden. Dann ist auch mit mehr Beeren zu rechnen, denn die Apfelbeere ist zwar selbstfruchtbar, trägt jedoch besser, wenn verschiedene Sorten zusammenstehen.

In einer Wildobsthecke ist die Apfelbeere ein Muss – kommt sie doch Insekten und Vögeln gleichermaßen zugute. Sie lässt sich gut am Spalier ziehen. Bei ganz wenig Platz kann die Apfelbeere auch im Topf gedeihen, der Kübel sollte aber mindestens 40 l Erde fassen.

Die Apfelbeere wird etwa 1 m hoch und breit, je nach Sorte auch bis zu 2 m. Sie hat dünne Zweige, die sich im Sommer unter dem Gewicht der Früchte biegen. Im Mai und Juni öffnen sich ihre Blüten, die doldenähnlich zusammenstehen. Sie ziehen Bienen an. Dann kommen im August die schwarzen Früchte, die mit etwas Glück noch am Strauch hängen, wenn sich die Blätter rot verfärben – ein schönes Herbstbild im Garten.

Herber, dunkelroter Saft

Die Apfelbeere ist nicht wirklich ein Naschobst, eignet sich daher weniger für den Familiengarten. Die Früchte sind zwar frisch essbar, allerdings in Maßen – ihre Kerne enthalten Blausäure, die in geringen Mengen als unbedenklich gilt. Werden aber zu viele Beeren verzehrt, kann es zu Verdauungsproblemen kommen. Sind größere Mengen zu ernten, dann ist es besser, die Beeren zu verarbeiten. Dabei verlieren sie auch ihre herbe Note. Die Apfelbeere lässt sich gut mit anderem Obst, zum Beispiel Äpfeln, Birnen oder Quitten, mischen. Ihr Saft ist dunkelrot und gibt, auch in kleineren Mengen zugesetzt, Marmelade oder Kompott Farbe. Die Beeren lassen sich auch einfrieren, getrocknet können sie im Müsli gegessen oder zum Backen benutzt werden.

Damit sie gut gedeiht, braucht die Apfelbeere einen sonnigen Platz. Sie kommt aber auch mit Halbschatten zurecht. Der Boden sollte eher feucht sein und genügend Nährstoffe enthalten. Er darf auch leicht sauer sein. Das Gehölz ist frosthart und verträgt tiefe Minusgrade.

Wildform und Hybriden

Es gibt verschiedene Sorten von Apfelbeeren. Die Wildform ist die Schwarze Apfelbeere *(Aronia melanocarpa)*, ihre Früchte sind etwas kleiner als die der anderen Formen. 'Hugin', eine Sorte mit spitzen, glänzend grünen Blättern und weißen Blüten, trägt Beeren, die bis zu 1,5 cm Durchmesser haben können. Die Pflanze selbst wird etwa 1,5 m hoch und ebenso breit.

Baumschulen bieten auch Hybriden an, die aus der Kreuzung mehrerer Apfelbeeren entstanden sind. Sie heißen Pflaumenblättrige Apfelbeeren *(Aronia prunifolia)*, können deutlich größer werden und tragen besser. Ihre Blätter sind leicht behaart. 'Nero' kann bis zu 2,5 m hoch werden und 2 m breit, hat eiförmige glänzende Blätter, weiße Blüten und verspricht reiche Fruchternte. Die Sorte 'Viking' wird 1,5–2,5 m hoch und 1,5 breit. Ihr Laub verfärbt sich im Herbst weinrot.

Die Apfelbeere ist reif, wenn die Früchte schwarz sind. Der dunkelrote Saft ist säuerlich-herb, lässt sich für Gelee aber gut mit anderem Obst wie Quitten oder Birnen mischen. Getrocknet schmecken die Beeren im Müsli.

Berberitze
(Berberis vulgaris)
Koreanische Berberitze
(Berberis koreana)

Naturgarten

Küchengarten

AUF EINEN BLICK

Nährt Vögel und Insekten, eignet sich für schwierige Standorte

Essbar als: Zusatz zu Gelee oder Marmelade, Ersatz für Zitronensaft, getrocknet für persische Gerichte

Standort: feucht bis trocken; leicht sauer oder neutral; Sonne bis Halbschatten

Auch bekannt als: Sauerdorn, Essigbeere

Sie sind länglich, mattrot und hängen im Herbst an den Zweigen. Daher sind sie an sich schon eine Zierde im Garten, doch sind die Früchte der Gewöhnlichen Berberitze auch essbar. Vögel und Mäuse holen sie gerne und in der Küche lassen sie sich zu Marmelade oder Gelee verarbeiten. Beim Naschen wird schnell klar: Roh schmecken die Berberitzen nur denjenigen, die eine ausgesprochene Vorliebe für Saures haben. Nicht umsonst ist das Gehölz auch als Sauerdorn bekannt.

Der Name weist auch auf eine weitere Eigenschaft hin: Die Berberitze ist dornig. Das muss bedenken, wer sie in den Garten holt. Sie kann bis zu 3 m hoch und 2 m breit werden und Ausläufer treiben, aus denen Dickichte entstehen. Darüber freut sich die Tierwelt, besonders Vögel nisten gerne im sicheren Gestrüpp. Für den kleineren Garten mag das jedoch eine Herausforderung sein – auch in einer wilden Hecke muss die Berberitze im Auge behalten werden. Doch lässt sie sich gut beschneiden und sogar am platzsparenden Wildobstspalier ziehen. Sie ist anspruchslos und gedeiht notfalls auch im Topf, doch sollte es ein Kübel von mindestens 40 l Größe sein. Da Berberitzen eher anspruchslos sind, eignen sie sich für Standorte, an denen sich andere Pflanzen schwer tun.

Duftende Blütentrauben

Im Mai und Juni öffnen sich die langen gelben, duftenden Blütentrauben. Sie locken Bienen und Hummeln an. Die Früchte reifen im September zu länglichen roten Beeren heran. Später verfärbt sich das Laub orangefarben. Die Früchte sind etwa 1 cm lang und enthalten Samen, die vor dem Essen entfernt werden müssen. Sie sind sauer, werden aber nach dem ersten Frost süßer und genießbarer. Darin enthalten sind viele Fruchtsäuren, aber auch Zucker und Vitamin C. Zwar lassen sie sich roh essen, werden jedoch meist verarbeitet: Der Saft kann als Ersatz für Zitronensaft verwendet werden oder als Zugabe zu Gelee. Die Früchte werden mit anderem süßerem Obst, zum Beispiel Birnen, zu Marmelade gekocht. In der persischen Küche werden gerne getrocknete Berberitzen verwendet. Bei denen, die im Geschäft erhältlich sind, handelt es sich um samenlose Sorten, die im Iran angebaut werden.

Bis auf die Früchte sind alle Pflanzenteile der Berberitze leicht giftig. Sie darf auch nicht mit den Zierpflanzen verwechselt werden, die gerne in Vorgärten gepflanzt werden: Dabei handelt es sich meist um die Blutberberitze (*Berberis thunbergii* 'Atropurpurea') mit dunkelrotem Laub und winzigen Beeren, deren leuchtendes Scharlachrot schon ungenießbar aussieht. Sie sind nicht essbar! Auch die blauen bereiften Früchte der Großblättrigen Berberitze *(Berberis julianae)*, der man die enge Verwandtschaft mit der Mahonie ansieht, sollten nicht gegessen werden.

Robust und winterhart

Wenn es um den Fruchtertrag geht, eignen sich die Gewöhnliche Berberitze *(Berberis vulgaris)* und die Korea-Berberitze *(Berberis koreana)*. Letztere hat größere Blüten als die europäische Art. Beide sind robust und winterhart und stellen nicht viele Ansprüche an den Boden. Er darf auch trocken und nährstoffarm, sollte aber nicht zu kalkhaltig sein. Ein Platz in voller Sonne ist Berberitzen am liebsten. Die Pflanze ist Zwischenwirt des Getreide-Schwarzrostes, sollte daher nicht in der Nähe von Weizen- und anderen Getreidefeldern gepflanzt werden.

Im Handel sind einige Sorten erhältlich. *Berberis koreana* 'Rubin' bekommt große dunkelrote Früchte. Ihr Laub verfärbt sich im Herbst rot. Die Sorte 'Azisa' hat lachsfarbene Beeren, die im Oktober reif werden. *Berberis vulgaris* 'Asperma' hat Früchte ohne Samen.

Unreife Berberitzen sind gelb. Geerntet wird erst wenn die Früchte richtig rot sind und am besten schon einmal Frost abbekommen haben. Dann sind sie weniger sauer. Wer sie trotzdem nicht essen mag, überlässt sie getrost den Vögeln.

Eine der ersten Beeren, die im Frühjahr reif werden, sind die der Blauen Heckenkirsche. Sie schmecken säuerlich-würzig und können frisch gegessen oder zum Beispiel zu leckerer Marmelade verarbeitet werden.

Blaue Heckenkirsche

(Lonicera caerulea)

Kamtschatka-Heckenkirsche

(Lonicera kamtschatica)

Küchengarten

Familiengarten

Sie erinnern ein wenig an Blaubeeren, sind aber nicht kugelig rund, sondern länglich. Auch schmecken die Früchte der Heckenkirsche anders, süßlicher und bitterer. Die der einheimischen Pflanze, der Blauen Heckenkirsche, sind eher gewöhnungsbedürftig mit ihrem herben Aroma. Die Früchte der Kamtschatka-Heckenkirsche jedoch lassen sich durchaus genießen, sie sind würzig. Interessant macht sie für den Garten, dass es die ersten Beeren im Jahr sind, die reif werden – schon im Mai können sie gepflückt werden. Sie enthalten viel Vitamin C, Zucker und Anthocyane.

Die Blaue Heckenkirsche passt auch in den kleineren Garten, sie wird nur etwa 2 m hoch und 1 m breit. Sie kann in kleinen Gruppen gepflanzt werden, passt aber auch in eine Wildobsthecke. Am Spalier tut sie sich etwas schwer, da sie langsam wächst. Ohne auslichtenden Schnitt wird die Blaue Heckenkirsche sehr dicht, was Vögeln einen sicheren Nistplatz beschert. Um besser an die Früchte heranzukommen, muss sie ausgelichtet werden. Die Pflanze lässt sich auch im Kübel auf der Terrasse ziehen und ist sehr frosthart. Im Herbst wird sie kahl, das Laub wird im September grau und fällt bald ab.

Nahrung für Hummeln

Die Blaue Heckenkirsche treibt sehr früh aus und bekommt im April oder Mai – ungefähr zur gleichen Zeit wie die Forsythien – kleine gelbe Blüten, die vor allem den Hummeln Nahrung bieten. Binnen weniger Wochen entwickeln sich daraus die länglichen Früchte. Die Ernte ist mühsam, doch mit etwas Geduld kommt pro Strauch eine gute Menge zusammen. Gut schmecken vor allem die Beeren der Kamtschatka-Heckenkirsche, die je nach Sorte 2–4 cm lang werden. Sie können frisch gegessen oder zu Saft, Marmelade und Fruchtmus verarbeitet werden. Sie lassen sich auch trocknen. Vögel fallen gerne über diese frühen Beeren her, daher sollte schnell geerntet werden!

Die Heckenkirsche gehört zu den Geißblattgewächsen, hat im Gegensatz zu den rankenden Ziergehölzen allerdings die essbaren Früchte. Sie ist robust und anspruchslos, was ihren Standort betrifft. In der Natur wächst sie auf leicht sauren, kalkarmen Böden. Unter ähnlichen Bedingungen fühlt sie sich auch im Garten wohl. Die Heckenkirsche verträgt Schatten, lässt sich zum Beispiel gut unter hohe Bäume pflanzen, gedeiht aber auch in der Sonne. Der Boden darf leicht bis mittelschwer sein, nur nicht allzu trocken. Die Kamtschatka-Heckenkirsche ist nicht selbstfruchtbar. Daher sollten zur besseren Befruchtung immer zwei verschiedene Sorten gepflanzt werden.

Vitaminreiche Sorten

Inzwischen gibt es unzählige Fruchtsorten der Kamtschatka-Heckenkirsche. Sie ist auch als Maibeere®, Honigbeere oder Sibirische Blaubeere bekannt. Die Sorte Myberry® 'Blue Velvet' wächst kompakter und wird etwa 1 m hoch und breit, ihre Früchte sind mit 1,5 cm Länge eher klein. 'Czarna' hat besonders dunkle, fast schwarze Beeren, die besonders Vitamin-C-reich sind. Bei 'Duet' stehen immer zwei Früchte zusammen. 'Fialka' gilt als extrem frosthart, ihre Früchte werden bis zu 4 cm groß. 'Gerda' hat eher rundlich-ovale Beeren mit gutem Aroma. Die Maibeere® 'Maistar' bekommt etwa 2,5 cm lange Früchte, die eine Glockenform haben. Die Beeren von 'Tundra' sind groß und süß, auch 'Wojtek' ist wenig sauer und aromatisch.

AUF EINEN BLICK

Nahrung und Nistplatz für Vögel, Naschobst

Essbar als: frische Früchte, Saft, Gelee, Mus

Standort: nicht zu trocken; leicht sauer bis alkalisch; Halbschatten bis Sonne

Auch bekannt als: Honigbeere, Maibeere®, Sibirische Blaubeere

Brombeere

(Rubus fruticosus)

Küchengarten

Familiengarten

AUF EINEN BLICK

Naschobst, Nahrung und Nistplatz für Vögel, Bienenweide

Essbar als: frische Früchte, für Marmelade, Saft, Gelee, Wein

Standort: kalkhaltig bis leicht saurer; eher trockener Boden; Sonne bis Halbschatten

Klein, schwarz, aromatisch – und extrem stachelig. Die Brombeere ist lecker, aber mühsam zu ernten. Die Pflanze wächst fast überall am Weges- und Waldrand. Die wilden Früchte, die ab August reif werden, sind nicht sehr groß, enthalten aber viel Karotin, Vitamin C und Anthocyane. Daher sind sie gesund. Auch die Tiere mögen sie, doch so ein Strauch trägt genug für alle.

Brombeeren wachsen schnell und nicht jeder mag sie sich in den Garten holen. Eine Pflanze wird etwa 3 m hoch und breit, kann aber mit der Zeit ein schier unüberwindliches Dickicht bilden. In dem stacheligen Gewirr von Trieben finden jedoch Vögel wie der Zaunkönig sichere Nistplätze, und auch Igel, Mäuse und Kröten machen die Brombeere zu ihrem Zuhause. Für den kleinen Stadtgarten eignet sich die Pflanze weniger, für den großen Garten, in dem Ecken verwildern dürfen, umso mehr. Doch gibt es auch Fruchtsorten ohne Stacheln und mit großen Beeren. Sie können am Spalier gezogen und beschnitten werden. Dann finden sie auch im kleinen Garten Platz.

Blätter für Tee

Die frischen Blätter, die im Frühjahr sprießen, lassen sich als Tee aufbrühen oder trocken. Auch Schmetterlingsraupen, zum Beispiel die des Kaisermantels, lieben sie. Die Blüten, die sich im Juni und Juli öffnen, ziehen Bienen, Hummeln und andere Insekten an. Die Beeren reifen zwischen August und Oktober. Sie sind nicht hohl wie Himbeeren, sondern werden samt dem weichen weißen Blütenboden, an dem sie festsitzen, gegessen. Brombeeren schmecken gut frisch vom Strauch, aber auch verarbeitet zu Marmelade oder Gelees, zu Aufgesetztem oder Wein.

Mit dem Standort sind Brombeeren nicht wählerisch, sie kommen auf steinigen trockenen Böden ebenso zurecht wie auf feuchten humosen. Die Erde sollte nur nicht zu sauer sein. Brombeeren vertragen Sonne bis Halbschatten, allerdings keine Staunässe. Wenn sie nicht den Garten zuwuchern sollen, müssen die Pflanzen beschnitten werden. Die Früchte wachsen an den einjährigen Trieben, die im Winter oder Frühjahr nach der Ernte bodennah entfernt werden sollten. Die Ruten, die neu gewachsen sind, bleiben erhalten und werden gegebenenfalls an die Rankhilfe oder das Spalier gebunden. Seitentriebe werden Ende des Winters zurückgeschnitten, ehe der Austrieb beginnt.

Mittlerweile gibt es unzählige Sorten und Hybriden von Brombeeren: Sie haben im Gegensatz zur wilden Brombeere den Vorteil, dass die Früchte größer sind, sie keine Stacheln tragen, manche können auch ohne Stütze wachsen. 'Black Satin' zum Beispiel ist eine stachellose Sorte, die früh blüht, aber spät – von August bis Oktober – geerntet wird. Die Früchte sind groß. 'Loch Ness'® hat ebenfalls keine Stacheln und wird von Juli bis September reif. 'Navaho'® wächst aufrecht bis zu 2 m Höhe und soll ohne Spalier auskommen. 'Theodor Reimers' ist die bekannteste Sorte mit mittelgroßen, kräftig schmeckenden Beeren. Das Laub verfärbt sich im Herbst dunkelrot.

Zahlreiche Kreuzungen

Milde braunrote Früchte haben die 'Boysenbeeren'. Sie stammen aus den USA und es handelt sich um eine Kreuzung von Him- und Brombeeren mit der 'Loganbeere'. Sie vertragen keine kalten Winter. Die 'Loganbeere' wiederum ist aus einer Kreuzung der amerikanischen Dewberry *(Rubus ursinus)* und einer Himbeere entstanden, mag halbschattige Standorte und bekommt sehr große rote Früchte. Die 'Taybeere', ebenfalls groß und rot, ist das Produkt einer Kreuzung einer Brom- und einer Himbeere. Im Handel sind unter anderem die Sorten 'Medana'® und 'Buckingham Tayberry'® erhältlich. 'Dorman Red', auch als Rote Brombeere bekannt, ist eine Kreuzung einer Himbeere mit der Weißen Zimt-Himbeere *(Rubus parviflorus)*. Sie sieht der Japanischen Weinbeere sehr ähnlich, schmeckt aber anders und erinnert etwas an Maulbeeren.

Süßes, aber mühsam zu erntendes Naschobst: Brombeeren zerkratzen die Hände, doch der Aufwand lohnt sich. Auch Vögel und Nagetiere bedienen sich gerne am Strauch.

Cranberry

(Vaccinium macrocarpon)

Küchengarten

Sie sind leuchtend rot und ganz leicht: Cranberries schwimmen auf dem Wasser, da sich in ihrem Inneren kleine Luftkammern verbergen. Roh genascht sind sie säuerlich bitter und ziehen den Mund zusammen. Getrocknet, wie sie bei uns meist erhältlich sind, schmecken sie süßer. Sie haben viel Vitamin C und lassen sich in der Küche verwenden.

Die Pflanze – auch Großfrüchtige Moosbeere genannt – wird nur etwa 20–40 cm hoch, sodass sich auch im kleinsten Garten ein Platz für sie finden lässt. Wo sie sich wohlfühlt, auf eher sauren Böden, verbreitet sie sich schnell. Das macht den immergrünen Halbstrauch zu einem guten Bodendecker für schattige Ecken. Mit der passenden Erde kommt die Pflanze auch im Kübel zurecht – auf dem Balkon oder der Terrasse. Sie mag aber keine pralle Sonne und die Erde im Topf muss stets feucht gehalten werden.

Staubfäden wie ein Schnabel

Im Mai und Juni öffnen sich die kleinen zartrosafarbenen Blüten. Ihnen verdankt die Pflanze ihren Namen: Die Blütenblätter auf dem langen schlanken Stiel sind zurückgebogen und legen rote Staubfäden frei, die mit etwas Fantasie an den Schnabel eines Kranichs – Englisch: *crane* – erinnern.

Cranberries wachsen am niedrigen Strauch und benötigen saure Erde. Die Beeren sind leicht und säuerlich-bitter, verarbeitet schmecken sie aber gut. Was nicht geerntet wird, bleibt lange an den Zweigen hängen.

Die Früchte bilden sich den Sommer über aus und werden ab Mitte September bis in den Oktober hinein reif. Je nach Sorte sind sie 1–2 cm groß und hell- bis dunkelrot oder sogar fast schwarz. Das Fruchtfleisch ist hell. Im Gegensatz zu den kleineren Früchten der Moosbeere *(Vaccinium oxycoccus)* können sie schon vor dem ersten Frost geerntet werden, wenn sie innen nicht mehr grün sind. Beeren, die nicht gepflückt werden, bleiben den Winter über am Strauch. Geerntet sind sie lange haltbar, lassen sich aber auch einfrieren oder auf dem Backblech oder im Dörrautomat trocknen. Verarbeitet werden sie, ähnlich wie Preiselbeeren, zu Soßen, aber auch zu Marmelade, Gelee und Sirup. Sie können zum Backen verwendet werden. In ihrer Heimat USA, wo die Cranberries in großen Plantagen angebaut werden, machen sich die Produzenten zur Ernte übrigens das leichte Gewicht der Beeren zunutze: Die Felder, von Erdwällen umgeben, werden geflutet, die Früchte schwimmen oben auf und werden abgesammelt.

Sandiger, saurer Boden

Im Garten brauchen Cranberries einen sandigen, sauren Boden, so wie ihn auch Heidelbeeren mögen. Trockenheit verträgt die Pflanze nicht, Halbschatten ist optimal. Am richtigen Standort verbreitet sie sich durch liegende Zweige, die Wurzeln schlagen. Die Beere ist selbstfruchtbar. Bessere Erträge gibt es jedoch, wenn mehrere zusammenstehen. Sie ist gut winterhart.

Inzwischen gibt es diverse Sorten mit zierenden Blüten oder größeren Früchten. 'Early Black' ist eine Selektion mit besonders dunklen, beinahe schwarzen Früchten. 'Langlois' trägt pinkfarbene Blüten. 'Pilgrim' dagegen blüht weiß und bekommt schwarzrote Früchte, die etwa so groß wie Stachelbeeren werden. 'Red Star' hat große hellrote Beeren, die ab Anfang September geerntet werden können. Große Früchte bekommt auch die Sorte 'Red Balloon'. 'Stevens' wächst schnell, was sie zu einem guten Bodendecker macht, trägt aber auch reich.

AUF EINEN BLICK

Bodendecker für den Schatten, vielseitig verwertbar

Essbar als: Gelee, Saft, Soße, getrocknet

Standort: sandig-humos; feucht und sauer; Halbschatten

Auch bekannt als: Großfrüchtige Moosbeere oder Kranichbeere

Dreiblättrige Orange

(Poncirus trifolata)

Küchengarten

AUF EINEN BLICK

Blüten für Bienen, besonderes Aroma

Essbar als: Marmelade

Standort: sonnig, geschützt; feuchter, durchlässiger Boden

Auch bekannt als: Japanische Bitterorange oder Dreiblatt-Zitrone

Sie ist die einzige Zitrusfrucht, die in Deutschland winterhart ist und in den Garten gepflanzt werden kann. Einen Nachteil hat die Dreiblättrige Orange allerdings: Ihre Früchte sind so sauer und bitter, dass sie meist als ungenießbar bezeichnet werden. Doch sind sie sehr aromatisch, duften stark und können zu Marmelade verarbeitet werden. Die Dreiblättrige Orange hat auch sonst einiges zu bieten: Sie blüht üppig, hängt im Spätsommer voller Früchte und bereichert den Garten im Winter mit ihrem bizarren Geäst.

Am besten kommt sie in Einzelstellung zur Geltung. Mehrere Pflanzen zusammengesetzt können aber auch eine dichte, unüberwindbare Hecke ergeben, denn das Gehölz trägt lange, spitze Dornen. Daher sollte es nicht unbedingt nah an einen Weg gepflanzt werden. Auch im Pflanzkübel kommt diese Orange zurecht, der muss dann allerdings frostfrei überwintert werden, sonst nehmen die Wurzeln Schaden.

Winterhartes Rautengewächs

Die Dreiblättrige Orange ist auch als Bitterorange oder Japanische Bitterorange bekannt, wobei sie nicht mit den Bitterorangen (*Citrus* × *aurantium*), den Pomeranzen, verwandt ist. Pomeranzen sind *Citrus*-Hybriden. Aus ihnen wird die englische Marmelade hergestellt und sie geben auch Aperitifs das bittere Aroma. *Citrus*-Arten sind bei uns nicht winterhart, doch die Dreiblättrige Orange ist ein Rautengewächs und verträgt Kälte bis etwa -15 °C. Auch in ihrer Blattform unterscheidet sich diese Pflanze von den Zitrusfrüchten: Ihre Blätter sind dreigeteilt, glatt und dunkelgrün. Im Herbst werden sie gelb und fallen dann ab. Die Dreiblättrige Orange wird oft als Veredelungsunterlage für Zitrussorten verwendet.

Das Gehölz wird rund 3 m hoch und genauso breit. Es lässt sich gut beschneiden, wobei zu beachten ist, dass es am einjährigen Holz blüht. Gut wächst die Dreiblättrige Orange, die im Himalaya heimisch ist, in unseren Breiten an einem sonnigen, windgeschützten Standort – etwa vor einer Mauer. Trockenheit verträgt sie genauso wenig wie Staunässe, der Boden sollte feucht und durchlässig sein und eher kalkarm. Junge Pflanzen brauchen einen Winterschutz.

Große duftende Blüten

Die Blüten öffnen sich im April oder Mai, werden bis zu 5 cm groß und duften, was den Strauch sehr dekorativ macht und vor allem auch Bienen anzieht. Die Früchte wachsen den Sommer über heran, sind erst grün, später gelb und flaumig behaart. Sie werden etwa so groß wie Mandarinen. Wenn sie im Oktober oder November reif werden, fallen sie herab. Sie duften gut und können die Wohnung aromatisieren. Roh gegessen werden sie nicht, denn sie sind hart, sauer und bitter. Außerdem enthalten sie sehr viele Kerne, sodass wenig Fruchtfleisch vorhanden ist. Werden die Früchte ein paar Wochen gelagert, sind sie saftiger. Mit viel Zucker können diese Orangen zu einer Marmelade gekocht werden. Nicht ganz so herb-sauer ist diese, wenn auch andere Zitrusfrüchten mitverarbeitet werden. Auch als Likör können Saft und Schale der Dreiblättrigen Orange angesetzt werden. Wer die Pflanze selbst vermehren will: Die Samen sind sehr keimfreudig.

Es gibt eine Zwergform, die sich für kleine Gärten eignet: Die Sorte 'Flying Dragon' wird etwa 2 m hoch, wächst langsam und mit in sich verdrehten Zweigen. Auch sie trägt Dornen.

Die Dreiblättrige Orange ist zwar essbar, aber sehr bitter und sauer. Der Genuss liegt eher in der üppigen Blüte und dem aromatischen Duft, mit dem sie ganze Räume erfüllt.

Gewöhnliche Eberesche

(*Sorbus aucuparia*)

Naturgarten

Küchengarten

AUF EINEN BLICK

Nahrung für Vögel und Insekten, besonders Bienen

Essbar als: Marmelade, Gelee, einige Sorten roh

Standort: frischer Boden; nicht zu kalkhaltig; Sonne bis Halbschatten

Auch bekannt als: Vogelbeere

Sie leuchten so rot, als wäre die Farbe eine Warnung. Daher hält sich hartnäckig die Mär, dass Vogelbeeren giftig sind. Doch sind die Früchte der Eberesche essbar – sie müssen nur gekocht werden. Die winzigen Äpfelchen der Essbaren Eberesche lassen sich sogar roh verzehren. Sie haben keine Bitterstoffe und schmecken säuerlich fruchtig, außerdem enthalten sie viel Vitamin C. Vögel lieben die Früchte aller Ebereschen. Daher macht es nichts, wenn mal nichts geerntet wird.

Eine Eberesche braucht Platz. Sie kann 12 m hoch werden oder mehr, in den ersten Jahren wächst sie schnell heran. Gut eignet sie sich für eine Einzelstellung, denn oft ist sie mehrstämmig und sieht sehr dekorativ aus. So schön der Baum auch sein mag, für den ganz kleinen Garten in der Stadt eignet er sich nicht, für die Vogelschutzhecke dafür umso mehr. Die Blüten bieten Nektar für Bienen und die Früchte werden von den Vögeln verspeist. Einige Sorten lassen sich auch am Wildobstspalier ziehen. Zu bedenken ist: Die Pflanze lässt sich Zeit mit dem Fruchten, einige Jahre können da schon ins Land gehen. Wer schnellen Ertrag möchte, sollte eine veredelte Sorte aussuchen.

Gefiedertes Laub

Gut erkennbar ist die Eberesche an ihren gefiederten Blättern. Im Mai und Juni öffnen sich die weißen Blüten, die herb riechen und Insekten anziehen. Die Früchte reifen ab August und September, sehen aus wie winzige orangefarbene bis hellrote Äpfelchen. Geerntet werden sollte zeitig, da die Früchte dann am meisten Vitamin C und Zucker enthalten. Am besten werden die Dolden am Fruchtstiel abgeschnitten, denn sonst können die bereits für das nächste Jahr angelegten Knospen beschädigt werden. Rohe Früchte sind bitter und leicht giftig, denn sie enthalten Parasorbinsäure, die durch das Kochen abgebaut wird. Ausnahme ist die Essbare Eberesche (*Sorbus aucuparia* var. *edulis*): eine Mutation, die um 1800 in Mähren gefunden wurde und große, süß-saure Früchte ohne Giftstoffe hat. Ebereschen lassen sich zu Marmelade oder Saft verkochen, am besten gemischt mit anderen Früchten wie Äpfeln oder Quitten. Auch Essig lässt sich aus ihnen herstellen. Essbar sind Vogelbeeren auch in getrockneter Form. Dann gehen allerdings viele ihrer Vitamine verloren.

Ebereschen kommen mit den unterschiedlichsten Standorten zurecht. Im Idealfall sollte die Erde durchlässig sein, frisch bis feucht, nährstoffreich und sauer bis schwach alkalisch. Enthält der Boden zu viel Kalk, gedeiht sie nicht. Auch zu viel Wärme und Trockenheit im Sommer machen ihr sehr zu schaffen – für das Stadtklima ist sie daher nur wenig geeignet. Sie verträgt allerdings starken Frost.

Milde Früchte

Es gibt viele Ebereschensorten, aber auch Hybriden, die durch Kreuzung mit Apfelbeeren (*Aronia melanocarpa*) und Weißdorn (*Crataegus* sp.) entstanden sind. Sie haben große Früchte ohne Bitterstoffe.

'Rossica' und 'Rossica Major' sind Sorten der Edel-Eberesche mit großen aromatischen Früchten. Die Sorte 'Konzentra' wächst stark, ihre Früchte enthalten besonders viel Vitamin C. 'Fastigiata' und 'Autum Spire' sind schmal wachsendere Gehölze mit schöner Herbstfärbung, aber kleinen Früchten. 'Burka' und 'Titan' sind Apfelbeeren-Hybriden, die strauchförmig bis zu 4 m hoch werden und sehr große, rotbraune bis purpurfarbene Früchte tragen. Sie lassen sich am Wildobstspalier ziehen. 'Likjornaja' ist ebenfalls eine Hybride, die mit 2,5 m kleiner bleibt. Sie bekommt bräunlich violette bis schwarze Früchte.

Die Früchte der Eberesche sind essbar und enthalten viel Vitamin C. Wer sie nicht essen mag, überlässt sie den Vögeln, die die Beeren lieben. Der Baum braucht viel Platz im Garten und eignet sich für eine Vogelschutzhecke.

Erdbeere

Wald-Erdbeere

(Fragaria)

Familiengarten

AUF EINEN BLICK

Naschobst, Nahrung für viele Tiere

Essbar als: frische Früchte, Marmelade, Soße, Saft

Standort: feucht bis trocken; nährstoffreich; sonnig

Sie leuchten schon von weitem zwischen den grünen Blättern. Mal sind die Erdbeeren winzig, mal fast hühnereigroß. Meist sind sie rot, aber nicht immer: Es gibt auch rosa und weiße Sorten. Ihr Aroma kann mild oder intensiv sein, moschusartig oder sogar an Pfirsiche erinnern. Erdbeeren sind das beliebteste Naschobst im Garten – oft schaffen sie nicht den Weg bis in die Küche, denn frisch gepflückt schmecken sie am besten. Doch auch viele Tiere, darunter Amseln und Rotkehlchen und Siebenschläfer, wissen sie zu schätzen.

Die Erdbeere, die heute am meisten in den Gärten angebaut wird, ist im 18. Jahrhundert aus einer Kreuzung zweier amerikanischer Sorten, der Scharlach-Erdbeere (*Fragaria virginiana*) und der Chilenischen Erdbeere (*Fragaria chiloensis*), entstanden. Seitdem ist die beliebte Frucht, die Garten-Erdbeere (*Fragaria* × *ananassa*), stets weitergezüchtet worden. Doch es sind auch Wildformen und ihre Auslesen erhältlich, die sich durch andere Geschmacksrichtungen auszeichnen.

Intensives Aroma

Die heimische Wald-Erdbeere (*Fragaria vesca*) hat zwar kleine Früchte, aber ein besonders intensives Aroma. Die Monats-Erdbeere (*Fragaria vesca* var. *semperflorens*) wird etwas größer und lässt sich besser im Zaum halten, da sie keine Ausläufer bildet. Vor allem aber blüht und fruchtet sie mehrere Monate lang, bis in den Herbst hinein. Die Moschus-Erdbeere (*Fragaria moschata*), auch als Zimt-Erdbeere bekannt, bekommt ebenfalls etwas größere Früchte als die Wald-Erdbeere. Lange gehörte sie zu den am meisten kultivierten Erdbeeren im Garten. Auch Pflanzen aus dem außereuropäischen Raum gedeihen bei uns. Die Scharlach-Erdbeere (*Fragaria virginiana*) aus Nordamerika hat größere Früchte als die hiesige Wald-Erdbeere. Aus Asien stammt die Aprikosen-Erdbeere (*Fragaria nilgerrensis*). Ihr Name legt schon nahe, dass sie anders schmeckt als alle anderen Sorten – nach Steinfrüchten wie Aprikosen oder Pfirsichen.

Erdbeeren lassen sich in Beete integrieren oder dürfen sich in schattigen Gartenbereichen ausbreiten. Wald-Erdbeeren zum Beispiel sind gute Bodendecker. Erdbeerpflanzen fühlen sich im Topf wohl und können problemlos auch auf dem Balkon gezogen werden. Sie benötigen einen sonnigen Platz mit durchlässigem, lehmigem Boden, der feucht ist und genügend Nährstoffe enthält. Wald-Erdbeeren kommen auch mit Halbschatten zurecht.

Die niedrig bleibenden Pflanzen blühen im Mai und Juni, Monats-Erdbeeren sogar bis in den Herbst hinein. Die Früchte lassen sich ein paar Wochen nach der Blüte ernten. Im Grunde sind es keine Beeren, sondern Sammelnussfrüchte: Die kleinen Nüsse, die auf dem Fruchtfleisch sitzen,

Erdbeeren schmecken am besten frisch gepflückt. Glücklicherweise wachsen sie nicht nur im Garten, sondern auch im Topf auf dem Balkon. Amseln und Rotkehlchen räubern gerne.

sind die eigentlichen Früchte und das, was als Erdbeere gesehen wird, ist der Blütenboden. Am besten schmecken sie natürlich frisch. Aber auch Marmelade lässt sich aus Erdbeeren kochen. Wer in den gleichen Genuss wie die englische Königin Queen Elizabeth kommen möchte, baut die etwas kapriziöse Scharlach-Erdbeere 'Little Scarlett' an und verarbeitet ihre Früchte zum Strawberry Jam, das auch am britischen Königshof gegessen wird.

Doch nicht nur die Erdbeeren selbst sind genießbar: Aus ihrem Laub, frisch oder getrocknet, lässt sich Tee herstellen.

Weiße und rosafarbene Beeren

Auch von den Wildarten sind inzwischen zahlreiche Sorten erhältlich. Die Wald-Erdbeere 'Blanc Ameliore' hat weiße Früchte. Die 'Cocoserdbeere', ebenfalls eine Wald-Erdbeere, trägt sehr dunkle Beeren, die einen Beigeschmack von Kokos haben sollen. Die Pflanzen bilden schnell dichte Teppiche. 'Déesse de Vallées' oder 'Göttin der Täler' ist eine der bekanntesten Monats-Erdbeeren, eine Sorte mit großen Früchten, die erst rund sind und dann in die Länge wachsen. Auch weiße Monats-Erdbeeren gibt es, etwa die alte Sorte 'Weiße Baron von Solemacher'. Rosafarben ist die Sorte 'Rosalie', auf den länglichen Früchten sitzen rote Nüsschen. Moschus-Erdbeeren benötigen in der Regel männliche und weibliche Pflanzen, um zu fruchten. Zu den Ausnahmen gehören die Sorten 'Capron Framboisé', eine aromatische weiche Beere mit weißem Fleisch, und 'Marie Charlotte', deren Früchte mal hellrosa, mal dunkel sind. Die Sorte 'Profumata di Tortona' hat eher kleine Früchte. Auch Auslesen von Scharlach-Erdbeeren gibt es: 'Little Scarlett' ist eine alte englische Beere, aus der in Großbritannien Marmelade hergestellt wird. Sie fruchtet allerdings nicht zuverlässig. Für Liebhaber panaschierten Laubes eignet sich die Sorte 'Variegata'. Weißliche Früchte mit roten Nüsschen hat die 'Weiße Lößnitzer'.

Esskastanien oder Maronen sind, geröstet oder zu Mus verarbeitet, eine Delikatesse. Um Früchte ernten zu können, müssen mindestens zwei Bäume gepflanzt werden. Der Garten muss also groß genug sein.

Esskastanie

(Castanea sativa)

Küchengarten

Sie sehen aus wie kleine Igel. Die Früchte der Esskastanie haben eine Schale mit langen grünen, weichen Stacheln, die braun wird, wenn sie reifen. Sie fallen vom Baum, platzen auf und geben ihre Samen, die Nüsse, frei. Gekocht oder geröstet sind sie im Herbst und Winter ein Genuss. Allerdings ist bei der Esskastanie Geduld gefragt. Wer ein junges Bäumchen setzt, muss 5–10 Jahre auf die erste Blüte und die ersten Früchte warten.

Esskastanie und Marone werden meist synonym gebraucht. Je nach Region oder Land versteht man unter Marone allerdings etwas anderes. Mal sind Sorten mit größeren Früchten damit gemeint, mal mit kleineren, die besser schmecken sollen – oder diejenigen, die sich besser schälen lassen. Wie auch immer sie genannt wird, diese Nuss ist heute eine Delikatesse. Sie ist sehr stärke-, zucker- und fetthaltig und war bis ins 19. Jahrhundert in vielen südeuropäischen Regionen ein Hauptbestandteil der Ernährung.

Idealer Hausbaum

Die Esskastanie ist ein idealer Hausbaum, allerdings eher für den großen Garten in wärmeren Lagen, etwa im Weinbauklima. Sie wird bis zu 20 m hoch und wächst in den ersten Jahren schnell heran, später entwickelt sie sich langsamer. Damit es auch Nüsse gibt, müssen zwei Bäume gepflanzt werden. Zwar trägt jeder Baum sowohl weibliche als auch männliche Blüten, doch öffnen sie sich in der Regel nicht gleichzeitig, sodass sie sich nicht selbst bestäuben können. Das Grundstück sollte also Platz für mindestens zwei der Gehölze haben.

Die Blätter der Esskastanie sind sehr groß, lanzettförmig und haben einen scharf gezähnten Rand. Im Juni öffnen sich die auffälligen länglichen Blüten, die an hellgelbe Pfeifenputzer erinnern. Das sind die männlichen Blüten, die weiblichen sind klein und unscheinbar. Wind und Insekten übertragen die Pollen, besonders Bienen werden angezogen. Wo viele Esskastanien wachsen, etwa im Pfälzer Wald, produzieren sie den herb-aromatischen Kastanienhonig. Das Laub färbt sich im Herbst gelb.

Im September und Oktober fallen die Nüsse herab und werden eingesammelt. In diesem Zustand sind sie nicht lange haltbar. Am besten werden sie einige Tage in Wasser eingelegt. Unter Wasser, von der Luft abgeschlossen, lassen Mikroorganismen Milchsäure entstehen, die die Nüsse konserviert. Danach werden sie getrocknet. Roh schmecken sie nicht gut, sondern müssen gekocht oder geröstet werden. Gekochte Maronen sind eine traditionelle Beilage zu weihnachtlichen Geflügelgerichten, werden aber auch zu süßem Mus weiterverarbeitet. Mehl aus sehr gut getrockneten, gerösteten Esskastanien lässt sich zum Backen verwenden.

Esskastanien lieben Wärme

Die Bäume sind zwar frosthart, tragen aber nur in Weinbauregionen richtig gut – in kühleren Lagen reifen die Früchte oft nicht aus. Sie mögen keinen kalkhaltigen Boden und keine Staunässe. Sie gedeihen in der Sonne oder im Halbschatten, in manchen Landstrichen gibt es Kastanienwälder. Zahlreiche Sorten der Esskastanie sind gezüchtet und ausgelesen worden. 'Asplenifolia' zum Beispiel hat Blätter mit heller Zeichnung und wird nicht ganz so groß. 'Argenteovariegata' hat Laub mit einer interessanten weißen Randzeichnung. Die Sorte 'Anny's Summer Red' hat bräunlich rot austreibendes Laub, trägt aber eher kleine Nüsse. 'Bouche de Bétizac' gilt als robuste, mittelgroß werdende Sorte. 'Marron de Lyon' oder auch 'Großfrüchtige von Lyon' bekommt, wie der Name sagt, große Maronen, die im September reifen. Die Sorte 'Vincent van Gogh' soll sich durch regelmäßigem Schnitt klein halten lassen.

AUF EINEN BLICK

Hausbaum für große Gärten, Nahrung für Bienen

Essbar als: gekochte oder geröstete Frucht, Mus

Standort: Weinbaulage; feuchter, eher saurer Boden; Sonne bis Halbschatten

Auch bekannt als: Marone, Edelkastanie

Feige

(Ficus carica)

Küchengarten

Familiengarten

AUF EINEN BLICK

Hausbaum für warme Regionen, Kübelpflanze

Essbar als: frische oder getrocknete Frucht, getrocknet, Marmelade, Sirup, Chutney

Standort: Weinbaulage; warm, sonnig und geschützt; tiefgründig, feucht

Sie gehören zu den sinnlichsten Früchten: Frische Feigen sind weich und süß und zergehen auf der Zunge. Getrocknet schmecken sie besonders intensiv. Sie enthalten viel Fruchtzucker, Vitamine, aber auch Calcium und Eisen. Man kennt sie aus dem Urlaub in mediterranen Ländern, wo die markanten Bäume mit ihren großen Blättern am Straßenrand wachsen. Doch auch in unseren Breiten können sie gedeihen. Frische Feigen aus dem eigenen Garten ernten zu können ist ein Luxus, der einen Versuch wert ist. Denn es gibt Sorten, die auch bei kühleren Temperaturen blühen und fruchten.

Feigen am Spalier

Ein Feigenbaum kann, wenn er sich am Standort wohl fühlt, bis zu 10 m hoch und ebenso breit werden. Meist bleibt er jedoch deutlich kleiner. Er braucht einen geschützten Platz, etwa vor einer warmen, nach Süden ausgerichteten Wand, und er kann auch am Spalier gezogen werden. Kein Problem haben Feigen in warmen Weinbaugebieten. In anderen Regionen können sie dauerhaft im Topf gezogen werden, brauchen dann aber gut durchlässige Erde und in den Sommermonaten Dünger. Gegossen werden sie mit möglichst kalkarmem Wasser. Das Winterlager sollte kühl und dunkel sein, in dieser Zeit brauchen sie kaum Wasser. Im Frühjahr werden die Bäumchen vorsichtig wieder an Helligkeit und Sonne gewöhnt.

Das Feigenblatt wird schon in der Bibel erwähnt: Adam und Eva sollen sich damit bedeckt haben, nachdem sie vom Baum der Erkenntnis probiert hatten. Zwar hat das Blatt immer seine feigentypisch gelappte Form, doch kann es von Sorte zu Sorte anders aussehen: mal tiefer eingeschnitten, mal gezackter. Das Laub macht das Gehölz zu einer interessanten Blattschmuckpflanze. Die Feige blüht unscheinbar und ist selbstfruchtbar. In ihrer Heimat, im Mittelmeerraum, fruchten Feigen bis zu 3-mal pro Jahr. Das schafft die wärmeliebende Pflanze in Deutschland nicht, doch 2-mal ist es durchaus möglich. Meist entwickeln sich aber nur die ersten Blüten, die im April und Mai erscheinen, zu reifen und je nach Sorte zu grünen, gelblichen oder auberginefarbenen Früchten. Sie brauchen einen warmen Spätsommer, um auszureifen. Geerntet werden sie, wenn sie weich sind und bei Berührung beinahe aufplatzen. Das Fruchtfleisch sitzt voller Nüsschen, die zwischen den Zähnen knirschen. Feigen schmecken gut roh und können im Kühlschrank einige Tage aufbewahrt werden. Haltbar gemacht werden sie zum Beispiel durch Trocknen: Helle Sorten vorher in Zitronen- oder Salzwasser einlegen, damit sie ihre Farbe behalten. Im Dörrgerät oder alternativ im Backofen bei niedrigen Temperaturen langsam trocknen – besser geht es, wenn sie halbiert werden. Feigen können eine abführende Wirkung haben.

Frische Feigen lassen sich auch in unseren Breiten ernten. Manche Sorten vertragen kühle Temperaturen, andere gedeihen im Topf, wenn sie ein geschütztes Winterlager bekommen.

Schutz in kalten Wintern

Die Feige wird seit der Antike kultiviert und stammt ursprünglich vermutlich aus den gebirgigen Regionen der heutigen Türkei. Daher braucht sie viel Sonne und tiefgründigen, nicht zu trockenen Boden. In kalten Wintern benötigt die Feige bei uns einen Schutz, zum Beispiel aus Vlies, denn Temperaturen unter -15 °C verträgt sie nicht. Ein Schnitt hilft, den Baum so klein zu halten, dass er eingepackt werden kann. Doch Vorsicht: Der Milchsaft, der in den Zweigen, Blättern und auch unreifen Früchten enthalten ist, kann die Haut reizen.

Von den unzähligen Feigensorten sind einige für unsere Breiten geeignet. Zu den bekanntesten gehört 'Violetta', die Bayernfeige. Sie gilt als sehr winterhart, ihre Früchte sind schon im Juli reif. 'Brown Turkey' trägt große braune Früchte, die im August reifen, und soll sehr winterhart ein. Eine sehr alte Sorte ist 'Brunswick', ebenfalls winterhart, die große violette Früchte bekommt und sehr wüchsig ist. 'Dalmatie' bleibt kleiner und eignet sich für den Kübel, ihre gelbgrünen Früchte reifen im August. Die Sorte 'Rouge de Bordeaux' ist auch als 'Pastiliére' bekannt und kann ebenfalls gut im Topf gezogen werden. Ihre violetten Feigen sind im September reif. 'Panachée' ist eine sehr alte Sorte mit gestreiftem Laub und Früchten. Sie ist allerdings nicht frosthart, sondern braucht ein Winterlager.

Felsenbirne

(Amelanchier)

Naturgarten

Küchengarten

Familiengarten

AUF EINEN BLICK

Nahrung für Vögel und Naschkatzen

Essbar als: frische Früchte, Marmelade, Kompott

Standort: durchlässiger Boden; mäßig feucht; volle Sonne

Auch bekannt als: Rosinenstrauch

Die kleinen runden Früchte gleichen Heidelbeeren – mit Birnen haben sie nichts zu tun. Wer ernten möchte, muss schneller sein als die Vögel, denn diese schätzen die Felsenbirne sehr und machen sich über die reifenden Früchtchen her. Roh genascht schmecken sie am besten, können aber auch zu Mus oder Marmelade, Saft oder Kompott verarbeitet werden. Sie enthalten viel Zucker, Mineralstoffe und Vitamine.

Nektar für Insekten

Die Felsenbirne ist das ideale Wildobst für den Garten: Im Frühjahr blüht sie üppig und dekorativ, von ihrem Nektar ernähren sich Insekten. Im Sommer folgen dann die Früchte. Und im Herbst gibt es eine bunte Laubfärbung. Der Strauch wird je nach Standort und Pflanze 2–10 m hoch, er eignet sich als Solitär oder auch als kleiner Hausbaum. Die Felsenbirne passt gut in Wildobsthecken und lässt sich sogar am Spalier ziehen. Auf dem Balkon kann sie im Topf einige Jahre überdauern, sollte dann aber ausgepflanzt werden.

Im April und Mai blüht die Felsenbirne. Die weißen Blüten sitzen in Trauben an den Zweigen. Sie ist selbstfruchtbar und bildet im Juni ihre kleinen Früchte. Erst sind sie rötlich, dann verfärben sie sich dunkel – mal mehr bläulich, mal violett oder fast schwarz. Sie lassen sich auch trocknen und erinnern dann an Rosinen. Daher rührt auch der umgangssprachliche Name Rosinenstrauch.

Felsenbirne heißt das Gehölz vermutlich wegen seiner Form, die an die eines Birnbaums erinnert, aber auch, weil es auf kargen, felsigen Böden wachsen kann. Felsenbirnen mögen trockene bis feuchte Erde, die leicht sauer bis alkalisch ist. Allerdings vertragen sie keine Staunässe. Sie sind winterhart und stehen gerne in der vollen Sonne. Im Halbschatten gedeihen sie auch, entwickeln sich aber nicht so gut. Pflege braucht die Felsenbirne keine, kann aber einen Schnitt vertragen.

Saftige Früchte, schöne Herbstfärbung

Es gibt verschiedene Arten der Felsenbirne sowie zahlreiche Sorten. Die Gemeine Felsenbirne (*Amelanchier ovalis*) ist bei uns heimisch und wird etwa 3 m hoch und breit. Die Zwergform (*Amelanchier ovalis* var. *pumila*) bleibt mit etwa 1 m sehr klein und handlich. Sie eignet sich gut für den Topf, da sie auch mit Trockenheit zurechtkommt. Auch 'Helvetica' bleibt eher klein und kompakt. 'Edelweiß' hat auffällige Blüten, 'Leuk' ist eine Sorte mit orangefarbenem Herbstlaub. Bei der bekannten Sorte 'Ballerina' handelt es sich um eine Form der Kahlen Felsenbirne (*Amelanchier laevis*), die, wie die meisten Felsenbirnen, aus den USA stammt. 'Ballerina' wird rund 5 m hoch und 2,5 m breit. Sie blüht eher früh, die großen Früchte reifen Ende Juni.

Die Erlenblättrige Felsenbirne (*Amelanchier alnifolia*) ist auch als Saskatoon-Beere bekannt. Sie mag schwach saure Böden und wird bis zu 5 m hoch. Die Sorte 'Forestburg' wächst aufrecht, die Beeren sind sehr groß und süß. 'Obelisk' wird bis zu 5 m hoch, wächst aber schmal und wird nur 1,5 m breit. Das austreibende Laub hat einen Kupferton. 'Smoky' wird bis zu 6 m hoch, hat besonders süße, saftige Früchte und ist sehr ertragreich. Die besonders aufrecht wachsende Sorte 'Rainbow Pillar' und die stark blühende 'Prince William' gehören zu den Kanadischen Felsenbirnen (*Amelanchier canadensis*). 'Autumn Brilliance' ist eine großblütige Hybride (*Amelanchier* × *grandiflora*), die besonders durch ihre rotviolette Herbstfärbung auffällt. Aber auch ihre Früchte sind essbar.

Die Felsenbirne hat nicht nur appetitliche Früchte, sie blüht auch schön und bekommt eine attraktive Herbstfärbung. Sie verträgt volle Sonne und Trockenheit und hält es sogar einige Jahre im Topf aus.

Filzkirsche

(Prunus tomentosa)

Küchengarten

Familiengarten

Rote kugelrunde Früchte sitzen im Sommer dicht an den Zweigen. Sie sehen aus wie Kirschen, haben auch einen Stein, doch sind sie glasig, fast wie rote Johannisbeeren. Am Strauch sind sie ein Schmuck, aber sie schmecken auch gut, süß-säuerlich. Die Filzkirsche, die auch als Korea-Kirsche oder Japanische Mandel-Kirsche bekannt ist, ist ein leckeres Naschobst. Aus den Früchten lassen sich auch Saft und Gelee herstellen.

Ziergehölz in Einzelstellung

Obwohl die Pflanze mit ihren rosa-weißen Blüten im Frühjahr großen Zierwert hat, ist sie noch recht selten in den Gärten zu finden. Auch in den anderen Monaten sieht sie schön aus und eignet sich für eine Einzelstellung. Wird eine reiche Ernte gewünscht, sollten auf jeden Fall mehrere Pflanzen zusammengesetzt werden, denn die Filzkirsche fruchtet nicht sehr gut. Sie gehört in jede Wildobsthecke. Eine Strauchgruppe passt aber auch in den kleineren Garten, bei wenig Platz lässt sich die Pflanze sogar am Spalier ziehen. Wenn nur eine Terrasse vorhanden ist oder ein großer Balkon, kann sie auch im Kübel gedeihen, der sollte allerdings groß sein und mindestens 40 l Erde fassen.

Die Filzkirsche gehört in jede Wildobsthecke, eignet sich aber auch für eine Einzelstellung. Sie blüht schön und trägt im Sommer rote runde Früchte, die zu Saft, Gelee oder Marmelade verarbeitet werden.

Die Filzkirsche wächst eher langsam und wird meist nur etwa 1,5 m hoch und 1 m breit. Manche Sorten werden etwas größer. Die Rinde der Äste und Zweige ist graubraun bis violett, die Blätter haben einen gesägten Rand. Junge Triebe und Laub sind leicht behaart bis filzig, daher trägt die Pflanze ihren Namen. Bevor sie im Winter ihre Blätter abwirft, gibt es noch eine gelbe Herbstfärbung. Dann sind die roten Früchte jedoch längst geerntet. Sie werden etwa 1,5 cm groß und Ende Juni und im Juli reif. Sie sind nicht so süß wie Süßkirschen, sondern haben eine säuerliche Note und enthalten viel Vitamin C. Wer sie wegen ihres Säuregehalts nicht roh essen mag, verarbeitet sie wie Kirschen. Zum Backen lassen sich die Früchte verwenden oder auch – entsteint – trocknen. Lagerfähig sind sie nicht.

Sehr winterhart

Das Gehölz stammt aus Asien und ist sehr winterhart. Am besten gedeiht die Filzkirsche an einem sonnigen, notfalls auch halbschattigen Standort mit frischem bis feuchtem Boden. Die Erde sollte lehmig sein, einen Sandanteil enthalten und gut durchlässig sein. Die Pflanze verträgt aber auch kurzzeitige Trockenheit und leicht kalkhaltigen Boden. Sie lässt sich gut beschneiden, gegebenenfalls auch auf den Stock setzen, was aber eine Blüh- und Erntepause nach sich zieht, denn Blüten und Früchte erscheinen am 2-jährigen Holz.

Einige Sorten sind erhältlich: 'Orient' blüht rosa und wird bis zu 2 m hoch und 1,5 m breit. Das Laub bekommt eine gelbe Herbstfärbung. Die Sorte 'Amur' ist sehr ähnlich, blüht rosa-weiß und wird ebenfalls rund 2 m hoch.

AUF EINEN BLICK

Nahrung für Bienen, Vögel und Naschkatzen

Essbar als: frische Frucht, Marmelade, Saft, Gelee

Standort: frischer bis feuchter, durchlässiger Boden; Sonne

Auch bekannt als: Korea-Kirsche, Nanking-Kirsche, Japanische Mandel-Kirsche

Goji-Beere

(Lycium barbarum)

Küchengarten

AUF EINEN BLICK

Beliebtes Superfood

Essbar als: frische Frucht, getrocknet, Saft, Gelee, Essig

Standort: gut durchlässiger Boden; Sonne

Auch bekannt als: Bocksdorn

Klein, rot, säuerlich herb kommt das „Superfood" daher. Seit Prominente wie Madonna auf Goji-Beeren schwören, ist die Pflanze bekannt geworden. Dabei ist die Erkenntnis, dass ihre Früchte gesund sind, nicht neu. In China wird sie seit Jahrtausenden kultiviert, die Beeren in der Traditionellen Chinesischen Medizin genutzt. Antioxidantien, Kohlenhydrate, Ballaststoffe und Vitamine enthalten die Früchtchen, die am Strauch wie winzige Peperoni aussehen. Auch die Pflanze selbst ist bei uns nicht neu und als Bocksdorn bekannt, seit sie vor einigen Jahrhunderten aus Asien eingeführt wurde. Der Bocksdorn ist ein Neophyt, der sich in der Nähe von Anpflanzungen selbständig ausbreitet und daher sogar als potenziell invasiv gilt. Durch den Ernährungstrend hat sich längst die Bezeichnung Goji-Beere durchgesetzt, die sich aus ihrem chinesischen Namen ableitet – gǒuqǐ.

Viele Ausläufer

So gesund sie ist: Sich eine Goji-Beere in den Garten zu holen, will wohl überlegt sein. Denn der Strauch kann 3,5 m hoch und etwa 2 m breit werden. Er braucht ein Gerüst oder Spalier. Er wächst sehr schnell und bildet viele Ausläufer, aus denen mit der Zeit Dickichte entstehen. Die Zweige hängen lang herab, die Triebe haben Dornen. Die Goji-Beere ist robust, verträgt Trockenheit und kann daher auch problemlos im Kübel gezogen werden. Doch muss sie regelmäßig beschnitten werden. Sie eignet sich für Spaliere und Wildobsthecken, doch im Garten müssen die Ausläufer gut kontrolliert werden. Das kann arbeitsintensiv werden.

Die Goji-Beere blüht von Juli bis in den September hinein, die Blüten sind klein und violett. Sie ist selbstfruchtbar, die Beeren reifen nach und nach von August bis Oktober. Sie sind je nach Sorte 1–2 cm groß, orange bis leuchtend rot und schmecken süßlich, mitunter mit einem scharfen Beigeschmack. Sie sind frisch essbar, als Naschobst oder als Zugabe im Salat oder Müsli. Durch Trocknen lassen sie sich gut haltbar machen – im Handel sind sie meist gedörrt erhältlich und schmecken dann süß, ein bisschen wie Feigen, manchmal etwas metallisch. Die frischen Beeren können aber auch zum Beispiel zu Saft oder Essig verarbeitet werden. Damit die Ernte nicht allzu dornig wird: Ein Tuch unter den Strauch legen und die Zweige abschütteln. Dann können die Früchte einfach aufgesammelt werden.

In der Natur wächst die Goji-Beere an trockenen Standorten, sie ist frosthart. Im Garten mag sie volle Sonne und nährstoffarmen, durchlässigen Boden. Staunässe verträgt sie nicht. Damit sich die Wurzeln nicht ungehemmt ausbreiten, kann der Ballen beim Pflanzen mit einer Wurzelbarriere umgeben werden. Um eine gute Beerenernte zu bekommen, werden die Ruten nach dem Winter zurückgeschnitten und nur fünf Stück, etwa 0,5 m hoch, stehen gelassen. Hieraus wachsen neue Triebe, die blühen und fruchten.

Runde und längliche Beeren

Es gibt zwei Gruppen von Goji-Beeren: Sorten mit kleinen runden, roten Früchten, die einen Beigeschmack haben, und Sorten mit länglicheren orangefarbenen Beeren.

'Big Lifeberry'® ist eine Sorte mit großen Blättern und Früchten ohne störende Aromen. Die Sorte 'Instant Success'® wächst kompakt, trägt rote Beeren mit Nachgeschmack und lässt sich jedes Jahr komplett zurückschneiden. 'New Big'® bekommt längliche hellrote, süße Beeren, die früh gute Erträge bringt. Die 'No 1 Lifeberry'® hat mild schmeckende, große orangefarbene Früchte ohne Beigeschmack. Sie sind innen hohl und lassen sich gut trocknen, ähnlich wie 'Ninxia', eine Sorte, die in China in großen Plantagen angebaut wird. 'Manteo' ist zwar wüchsig, gedeiht aber auch gut im Pflanzkübel. 'Sweet Lifeberry'® wächst kompakt und hat kleinere Früchte mit scharfem Beigeschmack.

In China wird die Goji-Beere seit Jahrtausenden genutzt, bei uns ist sie noch selten in Gärten zu finden. Die als Bocksdorn bekannte Pflanze hat Dornen, breitet sich schnell aus und sollte im Auge behalten werden.

Haselnuss

(Corylus avellana)

Küchengarten

Familiengarten

AUF EINEN BLICK

Nahrung für Bienen und Nagetiere

Essbar als: frische Nuss, getrocknet, gemahlen

Standort: durchlässiger frischer humoser Boden; Sonne

Die ersten werden meist schon im Spätsommer gepflückt: Wenn die Haselnüsse allmählich Farbe annehmen, ist ihr Kern essbar. Noch ganz hell, fast weiß, füllt er die ganze Schale aus und schmeckt knackig frisch. Je älter die Nuss wird, desto mehr schrumpft der Kern und umso intensiver wird sein Aroma. Haselnüsse aus dem eigenen Garten sind ein leckerer Snack und lassen sich, gut getrocknet, viele Monate lang lagern. Gegessen werden sie unter anderem als Zutat im Müsli, vor allem aber eignen sie sich zum Backen – ob gemahlen oder ganz. Sie enthalten viel Fett, Kohlenhydrate, aber auch Vitamin E.

Ausladender Wuchs

Haselnüsse brauchen Platz und ein bisschen Zeit. Es dauert Jahre, bis sie das erste Mal tragen – es sei denn, es handelt sich um eine veredelte Sorte, die schneller fruchtet. Wegen ihrer Größe von bis zu 5 m Höhe und 3 m Breite eignen sie sich nicht für jeden Garten. Die Sträucher sind ausladend, außerdem sind immer mindestens zwei nötig. Zwar hat jede Pflanze männliche und weibliche Blüten, doch sind sie in der Regel selbstunfruchtbar.

Haselnüsse können gut in Einzelstellung oder kleine Gruppen gepflanzt werden. Da sich viele Vögel und Nager von den Nüssen ernähren, gehören sie in jede Wildobst- oder Vogelschutzhecke, die etwas größer werden darf. Allerdings lässt sich Hasel auch gut schneiden und alle paar Jahre auf den Stock setzen.

Im Februar oder März – je nach Witterung manchmal auch schon deutlich früher – blüht das Gehölz. Die gut sichtbaren, hängenden Kätzchen sind die männlichen Blüten, sie werden schon im Herbst ausgebildet. Die weiblichen dagegen bestehen aus winzigen roten Narben, die aus einer Knospe ragen. Die Kätzchen gehören zu den ersten Blüten im Frühjahr und locken Bienen an. Die eigentliche Bestäubung geschieht jedoch durch den Wind. Die Nüsse reifen im September bis Oktober und fallen dann ab. Sie können auch gepflückt werden.

Haselsträucher sind robust und wüchsig. Sie mögen durchlässigen, frischen Boden, der leicht sauer bis alkalisch sein kann. Optimal ist ein heller, windgeschützter Standort im Garten, lichter Schatten wird noch toleriert.

Zellernuss und Lambertsnuss

Geht es um guten Nussertrag, ist es ratsam, großfrüchtige Sorten zu pflanzen – die Wildhaselsträucher bringen nur eine geringe Ernte mit kleinen Früchten. Fruchtsorten sind meist aus Kreuzungen mit der Lambertsnuss (*Corylus maxima*) entstan-

Haselnüsse brauchen Platz und eignen sich nicht für den kleinen Stadtgarten. Die Früchte schmecken sowohl frisch als auch getrocknet. Vögel und Nagetiere fressen sie auch gerne.

den. Die Lambertsnuss hat Früchte, die von einer roten Hülle umschlossen sind. Die Pflanze bleibt etwas kleiner, die Nüsse sind bereits im August reif.

Nusssorten, die der Wildform ähneln, werden als Zellernüsse bezeichnet, solche mit Fruchthülle als Lambertsnüsse. 'Cosford' ist eine alte englische Zellernuss-Hybride, deren längliche Früchte Mitte September reif sind. Die Sorte 'Englische Riesen' ist eher schwachwüchsig, die Nüsse werden im September geerntet. 'Webbs Preisnuss' ist eine der bekanntesten Lambertsnüsse mit großen länglichen Früchten, die Ende August bis Anfang September reif sind. Die 'Rotblättrige Lambertsnuss' hat lange dünnschalige Nüsse, die schon im August reifen. Das Laub des Strauchs ist beim Austrieb dunkelrot.

Die 'Hallesche Riesennuss', eine alte Zellernuss-Sorte aus Halle, gilt als ertragreich und wohlschmeckend, sie wird Ende September geerntet. Die Zellernuss 'Wunder von Bollweiler' hat sehr große Kerne und reift ebenfalls spät im September.

Die Korkenzieherhasel (*Corylus avellana* 'Contorta') mit ihren eindrucksvoll verdrehten Trieben ist eher ein Zierstrauch und trägt nur wenig Früchte.

Heidelbeere

(Vaccinium myrtillus)

Amerikanische Heidelbeere

(Vaccinium corymbosum)

Küchengarten

Familiengarten

AUF EINEN BLICK

Naschobst, Nahrung für Bienen, Hummeln und Vögel

Essbar als: frische Früchte, Saft, Gelee

Standort: mäßig feuchter, saurer Boden; Sonne bis Halbschatten

Auch bekannt als: Blaubeere

Die kleinen blauschwarzen Beeren sind im Sommer auf vielen Waldlichtungen und in Heidegebieten zu finden. Sie lassen sich leicht von den niedrigen Sträuchern pflücken, färben die Finger purpurfarben und schmecken süß. Die Beeren enthalten Anthocyane, Fruchtsäuren und Vitamin C. So viel Spaß die Suche macht: Bei Früchten aus dem Wald ist die Gefahr einer Infektion mit dem Fuchsbandwurm zwar gering, aber nicht auszuschließen. Wie gut, dass sich Heidelbeeren auch im Garten oder sogar im Topf auf dem Balkon ziehen lassen!

Die Wildsträucher bleiben klein, werden – im Gegensatz zu den Fruchtsorten – maximal 0,5 m hoch und breit. Sie nehmen im Garten also nicht viel Platz weg, wären da nicht die Ausläufer, die sie treiben und sich auf diese Weise das Gelände erobern. Voraussetzung ist allerdings ein saurer Boden, wie er in Moor- und Heidegebieten zu finden ist. Wo sich zum Beispiel Erika, Azaleen und Rhododendron wohlfühlen, gedeihen auch Heidelbeeren gut. Ist der Boden zu kalkhaltig, werden die Pflanzen besser in einen Topf mit der passenden Erde gesetzt.

Vögel lieben Heidelbeeren

Im Mai und Juni blühen die Sträucher unauffällig grün, doch bieten sie Hummeln und Bienen viel Nektar. Die Früchte werden im Juli und August reif, wenn sie dunkelblau geworden sind. Sie werden roh gegessen oder zu Marmelade, Soßen, Saft oder Gelee verarbeitet. Auch getrocknet schmecken sie gut. Vögel wissen die Beeren zu schätzen. Daher mit der Ernte nicht zu lange warten oder die Früchte mit einem Netz schützen! Das Laub bekommt eine rote Herbstfärbung und hat einen ästhetischen Wert im Beet.

Heidelbeeren mögen keine Staunässe, doch fruchten sie nur gut, wenn genügend Feuchtigkeit im Boden ist. Bei alkalischer Erde kann dick mit Sägemehl oder Nadelstreu von Koniferen gemulcht werden, auch Rindenmulch säuert den Boden. Heidelbeeren kommen sowohl mit Sonne als auch Halbschatten zurecht und sind frosthart.

Längst gibt es viele Zuchtsorten mit großen Beeren, doch sie gehen nicht auf die europäische, sondern auf die Amerikanische Heidelbeere *(Vaccinium corymbosum)* zurück. Die Amerikanische Heidelbeere benötigt einen ähnlichen Standort, kann bis zu 2 m hoch und 1,2 m breit werden. Auch ihre Blüten mit den weißen Glöckchen sind auffälliger. Die Beeren werden bis zu 2 cm groß. Wichtigstes Unterscheidungsmerkmal zu den einheimischen Heidelbeeren: Sie haben weißes Fruchtfleisch und keinen dunklen Saft. Sie werden frisch gegessen oder wie andere Heidelbeeren verarbeitet. Sie sind winterhart und können beschnitten werden, das alte Holz wird am Boden herausgenommen.

Selbstfruchtbare Gehölze

Die meisten Heidelbeeren sind selbstfruchtbar, bringen aber bessere Erträge, wenn verschiedene Sorten gepflanzt werden. Zu den bekannten Sorten gehört 'Blue Crop'. Die Pflanze wird etwa 1 m hoch, die Früchte reifen im August. 'Duke' wird bis zu 1,5 m hoch, bekommt etwas hellere Beeren und kann im Juli geerntet werden. 'Goldtraube' hat aromatische, feste Früchte, die im August reif sind.

Die Azoren-Heidelbeere *(Vaccinium cylindraceum)* ist auch als Walzen-Heidelbeere bekannt, was auf die Form ihrer länglichen Früchte zurückgeht. Der Strauch wird bis zu 3 m hoch und blüht rosafarben. Die Beeren reifen im August und

Einheimische Heidelbeeren bleiben klein und passen in jeden Garten, wenn der Boden sauer genug ist. Auch im Topf gedeihen sie. Kulturheidelbeeren werden je nach Sorte bis zu 2 m hoch.

schmecken ähnlich wie andere Heidelbeeren, doch ist die Pflanze frostempfindlich und braucht einen geschützten Standort. Sie kann auch im Kübel gezogen und frostfrei überwintert werden. Die Kaukasische Heidelbeere *(Vaccinium arctostaphylos)* blüht ebenfalls rosa und wird rund 2 m hoch. Die Beeren sind klein und länglich, süßsauer und werden im September geerntet. Das Laub bekommt eine schöne rote Herbstfärbung.

Himbeere

Wald-Himbeere

(Rubus idaeus)

Familiengarten

AUF EINEN BLICK

Naschobst, Nahrung für Insekten

Essbar als: frische Früchte, Marmelade, Soße, Saft

Standort: feucht, nährstoffreich; sonnig bis halbschattig

Rot und saftig mit einem feinen Aroma: Himbeeren sind das Naschobst schlechthin. Am besten schmecken sie direkt vom Strauch, noch leicht gewärmt von der Sonne. Die süß-säuerlichen Beeren enthalten viel Vitamin C und Zucker. Sie verlieren auch verarbeitet nicht an Geschmack. Die jungen Blätter der Sträucher lassen sich, wie die der Brombeere, für Tee trocknen.

Himbeerpflanzen bestehen aus langen dünnen Ruten. Sie bilden gerne Ausläufer, aus denen sehrschnell Dickichte entstehen können. Wald-Himbeeren, die Wildform der Kultur-Himbeeren, passen eher in den weitläufigen naturnahen Garten. Sie sind sehr aromatisch, aber auch stachelig, die Früchte kleiner als bei den Sorten, von denen es unzählige gibt. Wenn es auf großen Fruchtertrag ankommt, sind die Sorten empfehlenswerter als die Wald-Himbeere. Traditionell werden Himbeeren am Drahtspalier gezogen. So lassen sie sich auch in den kleinen Garten integrieren. Wer ganz wenig Platz hat, versucht es in einem Pflanzkübel mit Spalier. Dann gedeihen sie auch auf Terrasse oder Balkon.

Sommer- und Herbstsorten

Die weißen Blüten, die sich im Mai und Juni öffnen, locken Bienen an. Kultursorten unterscheiden sich in Sommer- und Herbsthimbeeren. Sommerhimbeeren reifen schnell und können ab Juni geerntet werden. Herbsthimbeeren brauchen etwas länger, da sie am diesjährigen Holz fruchten. Sie werden zwischen August und Oktober geerntet. Sind es zu viele Früchte, um frisch gegessen zu werden, können sie zu Marmelade oder Saft verarbeitet werden. Sie lassen sich auch einfrieren und später zum Beispiel als Soße für Vanilleeis aufkochen.

Himbeeren brauchen Sonne, kommen aber auch mit lichtem Schatten zurecht. Der Boden sollte feucht, nährstoffreich und humos sein. Zu kalkhaltige Erde vertragen Himbeeren ebenso wenig wie Staunässe. Um diese zu vermeiden, können sie im Garten auf einen Damm aus fruchtbarer und gut durchlässiger Erde gepflanzt werden. Damit sie gut tragen, brauchen sie einen Schnitt. Herbsthimbeeren können, da sie am diesjährigen Holz tragen, im Winter komplett zurückgeschnitten werden. Sommertragende Himbeeren benötigen etwas mehr Pflege: Ihre Früchte erscheinen an den Trieben des Vorjahres. Die Reihen müssen ausgelichtet werden, sodass etwa zehn Ruten pro Meter stehen bleiben. Am einfachsten ist es, wenn abgeerntete Ruten sofort herausgeschnitten werden.

Rote, gelbe und schwarze Beeren

Viele unterschiedliche Sorten sind erhältlich. 'Gelbe Antwerpener' ist eine der ältesten Sorten, eine Sommerhimbeere mit gelben Früchten. 'Goldmarie' ist eine orangefarbene Herbsthimbeere aus Österreich, 'Korbfüller' eine reich und spät tragende rote Himbeere mit hohem Vitamin-C-Gehalt. Die Sorte 'Preußen' ist rund 100 Jahre alt und bekommt im Sommer große feste Beeren. 'Sucrée de Metz' ist eine alte französische Sorte mit kleinen gelben Beeren, die im Juli reifen und sehr süß schmecken. 'Winklers Sämling' ist eine alte, um 1900 entstandene Sommerhimbeere mit runden aromatischen Früchten.

Bei der Schwarzen Himbeere *(Rubus occidentalis)* handelt es sich um eine robuste nordamerikanische Pflanze. Die Beeren sind groß und rot. Erst wenn sie reif sind, werden sie schwarz. Sie schmecken anders als Him- oder Brombeeren und lassen sich gut trocknen.

'Black Jewel' ist eine spät tragende Sorte, die bis zu 2 m hoch wird. 'Glen Coe' ist eine Kreuzung der Schwarzen mit der Roten Himbeere, sie hat violette Früchte und ist stachellos. Die Japanische Himbeere *(Rubus illecebrosus)*, die auch als Erdbeer-Himbeere bekannt ist, bekommt süße Früchte, die der Japanischen Weinbeere ähneln, aber viel größer sind. Sie wächst als Halbstrauch, der meist nicht höher als 1 m wird.

Himbeeren wachsen rasch und bringen eine schnelle Ernte, allerdings brauchen sie ein Spalier. Die Früchte lassen sich auch einfrieren, die Blätter eignen sich getrocknet für Tee.

Holunder

(Sambucus nigra)

Küchengarten

Im Frühjahr sitzt er voller duftender weißer Blütendolden, im Sommer trägt er schwarze Beeren, die einen herb-aromatischen gesunden Saft ergeben. Holunder ist eine robuste, vielseitig verwendbare Pflanze. Wer ihn im Garten hat, kann sich glücklich schätzen – bekommt er doch feines Blütengelee und Erkältungssaft frei Haus. Auch Insekten und Vögel ernähren sich gerne von Nektar und Beeren.

Der Holunder ist ein kräftiges, wüchsiges Gehölz und nimmt viel Platz ein. Ein Reihenhausgärtchen füllt er schnell aus: Bis zu 7 m hoch kann er werden und 4 m breit. Im großen Garten kann er gut als Solitär gepflanzt werden. Auch in Wildobst- und Vogelschutzhecken, die sich entfalten dürfen, passt der Holunder. Er gedeiht nur im Erdboden, nicht im Pflanzkübel – und auch für ein Spalier eignet er sich nicht, dazu ist er zu starkwüchsig.

Aromatischer Geruch

Holunder wächst strauchförmig oder als kleiner Baum mit eher krummem Stamm. Die Äste und Zweige haben charakteristische Erhebungen, die Korkporen. Die Blätter sind gefiedert und riechen aromatisch, wenn man sie anfasst. Die stark duftenden Blüten öffnen sich im Mai und Juni. Sie stehen in flachen Schirmrispen zusammen und locken Falter und Schwebfliegen an. Sie schmecken gut, sind sehr aromatisch und können zum Beispiel in Pfannkuchen gebacken, dem Apfelgelee zugegeben oder zu Sirup und Sekt verarbeitet werden. Aus ihnen entwickeln sich die Beeren, die erst grün, später rötlich und dann bei Reife schwarz werden. Auch wenn sie verlockend aussehen mögen: Wer sie probiert, wird merken, dass sie roh nicht zu genießen sind. Die Früchte haben einen eigenartigen Beigeschmack, vor allem aber tragen die Samen einen Giftstoff in sich, das Sambunigrin. Es ist auch in den unreifen Beeren und in der Rinde des Holunders enthalten. Roh verzehrt können die Beeren Erbrechen und Durchfall hervorrufen, durch Erhitzen wird der Giftstoff jedoch zerstört. In den Früchten sind viel Vitamin C, Fruchtsäuren und Fruchtzucker enthalten. Sie werden am besten entsaftet, dann zu Gelee verarbeitet. Der Saft ist ein altes Hausmittel bei Erkältungen, er wirkt schweißtreibend.

Holunder ist eher anspruchslos, was seinen Standort betrifft. Am besten gedeiht er auf nahrhaftem, humosem, auch kalkhaltigem frischem Boden. Er braucht nicht beschnitten zu werden, trägt jedoch besser, wenn abgetragene Zweige alle paar Jahre herausgeschnitten werden. Blüten und Früchte erscheinen am einjährigen Holz.

Holunder braucht viel Platz im Garten. Seine Blütendolden bieten Insekten Nahrung, die Beeren den Vögeln. Er stellt wenig Ansprüche an seinen Standort, braucht aber viele Nährstoffe.

Reiche Ernte, schönes Laub

Es gibt viele Arten und Sorten des Holunders *(Sambucus nigra)*. Besonders reich tragen 'Haschberg' und der etwas kleiner bleibende 'Sampo'. 'Alba' hat grünlichweiße Beeren. 'Albovariegata' ist eher ein Blattschmuckgehölz. Sein Laub ist weiß gezeichnet, aber die Pflanze trägt nur wenig Beeren. Ähnlich ist es bei 'Atropurpurea' mit tiefrotem Laub. Die Sorten 'Black Beauty'® und 'Black Lace'® haben dunkle und geschlitzte Blätter, blühen rosafarben und gelten eher als Ziersorten.

Roter Holunder *(Sambucus racemosa)*, auch als Trauben-Holunder bekannt, bleibt mit bis zu 4 m Höhe und Breite etwas kleiner, seine Früchte sind, wie der Name andeutet, rot. Auch sie sind essbar, jedoch sind die Samen giftig und müssen entfernt werden. Es gibt Ziersorten des Roten Holunders, zum Beispiel den Farnblättrigen Goldholunder 'Sutherland Gold'.

Zwerg-Holunder *(Sambucus ebulus)* bleibt zwar klein, ist aber stark giftig und nicht verwertbar! Er verbreitet sich schnell über lange Ausläufer.

AUF EINEN BLICK

Nahrung für Vögel und Insekten, vielseitig verwertbar

Essbar als: Sirup, Saft, Gelee, Marmelade

Standort: nährstoffreicher, frischer Boden; Sonne bis Halbschatten

Auch bekannt als: Fliederbeere, Hollerbusch

Johannisbeere

(Ribes rubrum, Ribes nigrum)

Küchengarten

Familiengarten

Sie dürfen in keinem Garten fehlen: Johannisbeeren sind lecker, sehen schön aus, machen kaum Probleme und werden auch gerne von Tieren verspeist. Die Roten sind säuerlich, die Weißen etwas milder, die Schwarzen herb – sie werden nur selten roh gegessen. Als Marmelade, Saft oder Gelee, in Pfannkuchen oder unterm Baiser – die Früchte sind so vielseitig und enthalten darüber hinaus noch viel Vitamin C, Zitronensäure und Mineralstoffe.

Wildformen sind heute kaum noch zu finden. Seit Jahrhunderten werden die Johannisbeeren kultiviert. Wenn eine Pflanze fernab der Gärten in der Natur steht, handelt es sich aller Wahrscheinlichkeit nach um eine verwilderte Kulturform. Ihre Beeren sind meist kleiner und haben weniger Geschmack als die der Auslesen und Sorten. Außer Roten und Weißen Johannisbeeren (beides *Ribes rubrum*) sowie Schwarzen (*Ribes nigrum*) gibt es inzwischen auch rosafarbene, grüne und braune Züchtungen.

AUF EINEN BLICK

Naschobst

Essbar als: frische Früchte, Saft, Gelee

Standort: nährstoffreicher Boden; Sonne bis Halbschatten

Reif am Johannistag

Johannisbeeren brauchen nicht viel Platz: Sie wachsen als Strauch, der bis zu 2 m hoch werden kann. Manche Sorten gibt es auch veredelt als Hochstämmchen, die sogar im Topf gedeihen, wenn ihnen mindestens 20 l Erde zugestanden wird. Johannisbeeren eignen sich auch für ein Spalier. Im 19. Jahrhundert wurden sie häufig auf diese Weise gezogen.

Im April und Mai blühen die Gehölze unauffällig grün. Die Früchte entwickeln sich in den folgenden Monaten. Rote und Weiße Johannisbeeren sind etwas eher reif, meist bereits um den Johannistag am 24. Juni, der ihnen auch den Namen gab. Schwarze Johannisbeeren reifen im Juli und August. Die Früchte lassen sich, wenn nicht frisch gegessen, gut entsaften. Die Blätter bekommen eine schöne gelbe, manchmal auch rote Herbstfärbung.

Johannisbeeren brauchen einen sonnigen bis halbschattigen Ort und nährstoffreiche Erde, der Boden sollte nicht zu sauer und zu kalkhaltig sein. Bei der Pflanzung ist zu beachten: Die Schwarze Johannisbeere ist Zwischenwirt des Säulenrostpilzes. Er kann fünfnadelige Kiefern befallen kann, etwa die Weymouth-Kiefer (*Pinus strobus*), die bei einer Infektion nicht mehr zu heilen ist und stirbt.

Johannisbeeren brauchen Pflege, wenn der Ertrag nicht zurückgehen soll: Sie müssen geschnitten werden. Rote und Weiße Johannisbeeren bilden Früchte an Seitentrieben von älteren Ruten, daher sollten die Triebe gekappt werden. Altes Holz sollte man direkt über dem Boden herausnehmen. Die Schwarzen fruchten dagegen an einjährigen Seitentrieben. Nach der Ernte werden alte Zweige entfernt und auch alte Hauptäste bodennah herausgeschnitten.

Johannisbeeren mögen Sonne und nährstoffreiche Erde. Damit sie gut tragen, müssen sie regelmäßig beschnitten werden. Das Laub bekommt eine schöne gelbe oder rote Herbstfärbung. Es gibt zahlreiche Fruchtsorten.

Verwandt mit der Stachelbeere

Johannisbeeren gehören zu den Stachelbeergewächsen. Die Stachelbeere selbst (*Ribes uva-crispa*) wird ebenfalls seit mehreren Hundert Jahren kultiviert und ist kaum mehr in der Wildform zu finden. Eine Hybride aus Stachelbeere und Schwarzer Johannisbeere ist die Jostabeere (*Ribes × culverwellii*), auch als Jochelbeere bekannt. Die Früchte sind schwarz, haben die Form von Stachelbeeren, sind aber kleiner und unbehaart.

Interessante historische Kultursorten der Johannisbeere sind unter anderem die 'Weiße Versailler', die mit ihren durchsichtigen Beeren nicht nur sehr dekorativ aussieht, sondern auch wenig Säure hat und als Naschobst gut schmeckt. 'Rose de Champagne' ist eine aparte weiße Sorte mit feinen roten Sprenkeln. Die 'Rote Vierländer' ist eine alte deutsche Johannisbeere mit wenig Säure. 'Hedda' hat große schwarze Beeren, die besonders süß und mild sind. 'Ojeblanc' zählt zu den Schwarzen Johannisbeeren, bleibt allerdings grünlich bis bräunlich und schmeckt mild. Auch 'Venny' hat grüne Früchte mit wenig herbem Aroma.

Die Gold-Johannisbeere (*Ribes aureum*) stammt aus Nordamerika und wird vor allem als Zierpflanze wegen ihrer großen, süß duftenden Blüten gepflanzt. Sie wird bis zu 3 m hoch und 2 m breit. Ihre schwarzen Beeren sind allerdings eher klein und wenig aromatisch.

Kirschpflaume

(Prunus cerasifera)

Küchengarten

Familiengarten

AUF EINEN BLICK

Naschobst, Nahrung für Insekten und Vögel

Essbar als: frische Frucht, Marmelade, Saft, Kompott

Standort: durchlässiger Boden; Sonne bis Halbschatten

Zum Anbeißen sehen die großen, rötlich violetten Früchte im August aus. Sie sind nur etwas kleiner als Pflaumen und beim Probieren wird man nicht enttäuscht, denn sie sind saftig und haben ein süß-säuerliches Aroma. Die Blutpflaume ist ein schönes Naschobst für den Familiengarten. Blutpflaumen sind Kirschpflaumen mit rotem Laub. Die im Handel erhältlichen Sorten sind Auslesen mit roten Früchten. Die Kirschpflaume ist auch als Wilde Mirabelle oder Myrobalane bekannt. Meist sind die Früchte so groß wie Mirabellen, gelb oder rot. Viele schmecken säuerlich, manche eignen sich eher für Marmelade oder Kompott als zum Naschen.

Mehrstämmiger Strauch

Die Kirschpflaume ist ein großer, attraktiver Strauch, der bis zu 6 m hoch und 4 m breit wird und Platz braucht. Durch den schönen Wuchs mit meist mehreren Stämmen hat sie eine Einzelstellung verdient, wird frei wachsend aber für die meisten Vor- oder Reihenhausgärten zu groß. Zwar ist die Kirschpflaume starkwüchsig, lässt sich jedoch gut leiten und am Spalier ziehen. Mitunter werden im Handel auch Formen mit Stamm angeboten, die sich als Hausbaum eignen. Auch für jede Wildobsthecke ist die Kirschpflaume eine Bereicherung: Insekten kommt ihr Blütennektar zugute, Vögel picken die Früchte, wenn sie nicht geerntet werden.

Im April, manchmal aber schon im März oder erst Anfang Mai, blüht die Kirschpflaume weiß, die Blutpflaume rosa. Der Strauch sitzt voller Blüten, die vor dem Austrieb der elliptischen länglichen Blätter erscheinen. Sie befruchtet sich nicht selbst, sodass eine zweite Pflanze nötig ist. Dabei sollte auf den Blühzeitpunkt geachtet werden, denn nicht alle Sorten blühen zur gleichen Zeit. Werden eine frühe und eine späte gepflanzt, können sie sich verpassen und es gibt es keine Früchte. Auch späte Fröste können die Ernte gefährden, da sie die Blüten schädigen. Die Früchte reifen im Juli bis in den August hinein. Sie sind gelb, rosa, rot oder haben einen violetten Ton. Die der Sorte 'Trailblazer' eignen sich auf jeden Fall als Naschobst, bei den anderen hängt es von den persönlichen Vorlieben ab, ob man sie roh isst oder lieber verarbeitet. Aus ihnen lassen sich Kompott und Marmelade kochen, aber auch Saft. Entsteint können die Pflaumen getrocknet werden.

Geeignet für das Stadtklima

Das Gehölz ist frosthart, kommt mit warmem Stadtklima gut zurecht und hält Wind aus. An den Boden stellt es wenige Ansprüche – gerne darf er lehmig und nährstoffreich sein, gut durchlässig und eher trocken als zu nass. Auch gegen Kalk im Boden hat die Kirschpflaume nichts einzuwenden – nur Staunässe verträgt sie nicht. In Einzelstellung braucht sie keinen Schnitt, nimmt es aber nicht übel, gestutzt zu werden, zum Beispiel am Spalier. Das Laub wird im Herbst gelb.

Die Sorte 'Trailblazer', auch bekannt als 'Hollywood' oder Großfrüchtige Blutpflaume, ist eine Kreuzung aus einer Blutpflaume mit einer chinesischen Pflaume. Sie wird bis zu 5 m hoch und 2,5 m breit und blüht von März bis April hellrosa. Das Laub treibt dunkelrot aus und wird später grün. Die Sorte 'Nigra' ist der auch erhältlichen Sorte 'Woodii' zum Verwechseln ähnlich: Sie hat sehr dunkel rotbraune, fast schwarze Blätter – viel dunkler als die der 'Trailblazer' und blüht später als diese, jedoch ebenfalls rosafarben. Sie wird bis zu 4 m hoch und 5 m breit. Die roten Früchte sind essbar, aber kleiner. Die Sorte 'Pissardii', auch unter dem Namen 'Atropurpurea' im Handel, hat etwas größere rotbraune Blätter, die Früchte sind etwa 3 cm groß. Die Sorte 'Harlekin' ist eher als Zierpflanze zu sehen, ihre Blätter sind rot panaschiert. Ziersorten wie 'Pleniflora' mit ihren gefüllten Blüten bekommen keine Früchte.

Kirschpflaumen sind saftig, etwas kleiner und säuerlicher als andere Pflaumen. Der Strauch blüht im Frühjahr schön und kann auch am Spalier gezogen werden. Frei wachsend wird er bis zu 6 m hoch.

Kornelkirschen gehören zu den vielseitigsten Wildobstgehölzen: Sie blühen im Frühjahr leuchtend gelb und bieten Hummeln und Bienen Nahrung. Die Früchte können selbst geerntet oder den Vögeln überlassen werden.

Kornelkirsche

(Cornus mas)

Küchengarten

Familiengarten

Wenn sie richtig reif sind, schmecken sie ähnlich wie Sauerkirschen. Dabei handelt es sich bei den Kornelkirschen botanisch gesehen nicht um Kirschen, sondern um ein Hartriegelgewächs. Im Spätsommer hängen die Zweige voller länglicher roter Früchte, die abfallen, wenn sie reif sind. Das muss bedenken, wer die Kornelkirsche zum Beispiel als Hausbaum pflanzen will. Von den Flecken, die sie verursachen kann, einmal abgesehen, ist die Kornelkirsche eines der besten und vielseitigsten Wildobstgehölze für den Garten. Ihre Blüten sind wichtige Futterquelle für Hummeln und Bienen, die Früchte werden, sofern nicht geerntet, gerne von Vögeln und Säugetieren wie Haselmäusen gefressen.

Die Kornelkirsche kann als dekorativer Einzelbaum gepflanzt, aber auch in eine Gruppe oder eine Hecke gesetzt werden. Sie lässt sich in Form schneiden. Für ein Wildobstspalier eignet sie sich genauso gut wie für einen Laubengang oder eine Schirmform. Damit sie aber gut trägt, sollten mehrere Bäume gepflanzt werden. Wenn sie auswachsen darf, wird sie etwa 6 m hoch und bis zu 5 m breit.

Genügsames Gehölz

Die Kornelkirsche ist genügsam, sie kommt auch auf magerem Boden zurecht, der neutral bis basisch sein sollte, vor allem aber durchlässig ohne Staunässe. Das Gehölz wächst in voller Sonne und im Halbschatten, gedeiht gut im warmen Stadtklima und ist frosthart.

Die Blätter sind grün und glänzend, im Herbst werden sie gelblich-orange. Die gelben duftenden Blüten öffnen sich früh im Jahr, meist im März, manchmal schon im Februar. Die Früchte wachsen den Sommer über heran, werden etwa 2 cm groß und tiefrot. Die Reifezeit beginnt im August und zieht sich bis in den September. Das Fruchtfleisch lässt sich vom großen Stein schwer lösen. Zum Naschen eignen sich nur die sehr reifen dunklen Früchte, selbst die sind noch ziemlich säuerlich.

Doch sind die Kornelkirschen, die viel Vitamin C, Zucker, aber auch Fruchtsäuren und Anthocyane enthalten, gut zu verarbeiten – zum Beispiel zu fruchtiger Marmelade oder Kompott, zu Saft und Gelee, aber auch herzhaft eingelegt mit Kräutern. Sie lassen sich einfrieren oder auch trocknen. Aus getrockneten Früchten wie auch jungen Blättern kann Tee gekocht werden.

Die Wilde Kornelkirsche hat eher kleine Früchte. Bei den Sorten, die veredelt in den Baumschulen erhältlich sind, können sie jedoch 3 cm und größer werden. Um gut zu tragen, brauchen die Fruchtsorten jedoch immer eine Bestäuberpflanze in der Nähe, zum Beispiel die Wildart.

Großfrüchtige Sorten

Die bekannteste Sorte ist 'Jolico', die Früchte werden ab Mitte August reif und etwa 3 cm groß. 'Golden Glory' wächst schnell und aufrecht und bekommt ebenfalls große Früchte. Die Sorte 'Kazanlak' trägt etwas hellere große Kirschen, die ab Ende August geerntet werden können. 'Schönbrunner Gourmet-Dirndl' – Dirndl ist die österreichische Bezeichnung für die Kornelkirsche – bekommt süße große Früchte, die im September reif werden. Eine ungewöhnliche Blattfarbe hat die Sorte 'Aurea'. Sie hat goldgelbes Laub, ihre Früchte sind aber ebenfalls essbar.

Die Japanische Kornelkirsche *(Cornus officinalis)* trägt ähnliche kleine Früchte wie die Kornelkirsche, die jedoch später reifen und sehr herb sind. Sie können nicht roh gegessen, sondern nur verarbeitet werden. Ungeerntet bleiben sie an den Zweigen hängen, bis Vögel sie holen, und fallen nicht ab. Die Pflanze ist winterhart.

AUF EINEN BLICK

Nahrung für Insekten, Vögel, kleine Säuger und Naschkatzen

Essbar als: frische Frucht, Marmelade, Gelee, eingelegt

Standort: frischer Boden, neutral bis kalkhaltig; Sonne bis Halbschatten

Gewöhnliche Mahonie

(Mahonia aquifolium)

Küchengarten

Klein, rund und bereift, fast wie blaue Trauben sehen die Früchte der Mahonie aus. Meist werden sie nicht wahrgenommen, denn im typischen Vorgarten steht die Mahonie eher als Zierstrauch wegen ihrer gelben Blüte. Die Beeren sind aber sehr saftig und färben die Finger beim Pflücken dunkelrot. Sie schmecken säuerlich und frisch, enthalten viele Fruchtsäuren und Vitamin C. Am besten werden sie verarbeitet. Wer die Beeren nicht mag, überlässt sie getrost den Vögeln.

Die Mahonie ist ein kleiner robuster, immergrüner Strauch, der klassischerweise vor das Haus oder auf Baumscheiben am Straßenrand gepflanzt wird. Meist fällt sie, einmal am Ort, kaum auf. Doch damit tut man der Pflanze unrecht. Zwar sind ihre Blätter nicht so ausgeprägt stachelig und glänzend wie die des Ilex. Dafür hat sie früh im Jahr auffällige gelbe Blüten, die viel Nektar und Pollen enthalten und vor allem für Bienen eine wichtige Nahrungsquelle sind. Das macht die Mahonie auch zu einer guten Bereicherung für den naturnah gestalteten Garten. Sie stellt wenig Ansprüche und gedeiht auch im Schatten, zum Beispiel unter Bäumen. Da sie langsam wächst, kann sie auch im Kübel auf Terrasse oder Balkon gezogen werden. Notfalls lässt sich die Mahonie stark zurückschneiden. Sie ist winterhart.

AUF EINEN BLICK

Nahrung für Insekten und Vögel, vielseitig verwertbar

Essbar als: frische Frucht, als Mus, Saft oder Gelee gekocht

Standort: feucht, nährstoffreich; Schatten bis Sonne

Süßer Duft

Einige Hybriden der Mahonie blühen bereits im Januar, für gewöhnlich öffnen sich die gelben, süß duftenden Blütentrauben aber erst im April oder Mai. Manchmal blüht die Pflanze sogar im Herbst ein zweites Mal. Die Beeren reifen ab August und werden etwa 1 cm groß. Sie sind zwar roh essbar, in größeren Mengen rufen sie jedoch Übelkeit und Durchfall hervor, denn die Samen sind leicht giftig. Verarbeitet und durch ein Sieb gestrichen sind sie sehr bekömmlich – als Mus oder Saft, Gelee oder Marmelade. Gut schmeckt die Mahonie zum Beispiel vermischt mit Äpfeln, Himbeeren oder Birnen. Die Rinde des Strauchs sowie die Wurzeln sind ebenfalls leicht giftig. Im Herbst können sich die Blätter rötlich verfärben.

Wird die Mahonie nicht beschnitten, wächst sie zu einem Strauch von etwa 1,5 m Höhe und 1 m Breite heran. Sie mag feuchte, nährstoffhaltige Böden, bei kalkhaltiger Erde kümmert sie. Die Mahonie kommt aus Nordamerika, wo sie in Wäldern zu finden ist. Bei uns hat sie sich teilweise schon selbst in Waldgebieten ausgebreitet und gilt als potenziell invasiv, sie kann möglicherweise einheimische Pflanzen verdrängen. Daher sollte sie nur in Hausgärten von Siedlungsgebieten angepflanzt werden. Einige Sorten bilden Ausläufer.

Meist wird die Mahonie als Ziergehölz gepflanzt, dabei sind ihre Beeren essbar. Der Saft ist purpurfarben und ergibt ein gutes Gelee. Der Strauch bleibt mit etwa 1,5 m Höhe und 1 m Breite eher klein.

Stacheliges Laub

Mitunter werden Mahonien und Ilex, die Stechpalme, verwechselt. Dabei sehen sie sich nur beim flüchtigen Hinsehen ähnlich: Zwar hat das Laub eine ähnliche Form, doch ist das des Ilex viel stacheliger. Auch wächst der Ilex höher und bekommt leuchtend rote Beeren. Sie sind stark giftig und nicht essbar wie die blauen Früchte der Mahonie.

Bei den meisten Mahoniensorten, die in Baumschulen erhältlich sind, handelt es sich um Zierpflanzen mit Früchten, die ungenießbar sind. 'Winter sun' zum Beispiel blüht zwar üppig im Januar und wird sehr groß, doch sind die Beeren nicht verwertbar. Wer nicht auf die Wildform *(Mahonia aquifolium)* zurückgreifen will, versucht, die Sorten 'Jupiter', 'Mirena' oder 'Pamina' zu bekommen. Sie alle tragen reich. 'Mirena' kann mehr als 1,5 m hoch werden, während 'Pamina' unter 1 m Höhe bleibt.

Maulbeere

(Morus nigra, Morus alba, Morus rubra)

Küchengarten

Familiengarten

AUF EINEN BLICK

Hausbaum für Gourmets

Essbar als: frische oder getrocknete Früchte, Saft, Marmelade

Standort: warm, sonnig und geschützt; durchlässiger Boden; Weinbauklima

Sie sehen aus wie große Brombeeren, sind aber viel milder im Geschmack. Reife Maulbeeren sind saftig und zergehen auf der Zunge. Sie sind ein seltener Luxus – zumindest für alle, die nicht gerade einen ausgewachsenen Baum im Garten haben. Denn der liefert Früchte im Überfluss – bis zu 70 kg pro Jahr.

Die Maulbeere ist ein guter Hausbaum für das nicht allzu kleine Grundstück. Als Solitär kommt sie am besten zur Geltung. Sie wird etwa 15 m hoch und braucht einen warmen geschützten Standort. Wer den bieten kann, sollte allerdings bedenken: Die Früchte fallen herab, wenn sie reif sind, und müssen zur Ernte aufgelesen werden – sie verderben schnell. Manche Gärtner spannen im Juni und Juli ein Netz unter dem Baum auf, in dem sich die Beeren sammeln. Die Maulbeere kann auch als Hecke gepflanzt werden, denn sie verträgt einen Schnitt. Sorten, die veredelt wurden, können stark austreiben. Notfalls kommt das Gehölz auch im Kübel zurecht. Es braucht dann aber viel Wasser und regelmäßigen Schnitt, sowohl der Zweige als auch der Wurzeln. Sonst wird es zu groß.

Gelbe Kätzchen

Maulbeerbäume blühen im April und Mai mit kleinen gelben Kätzchen. Im Juni und Juli, manchmal bis in den August hinein, werden die Beeren reif. Je nach Sorte können sie bis zu 4 cm groß werden. Sie enthalten viel Karotin, Zucker, Fruchtsäuren und auch Vitamin C. Sie sind süß und können roh gegessen werden, haben allerdings wenig Aroma. Maulbeeren lassen sich nicht lagern und werden zu Saft, Gelee oder Marmelade gekocht. Auch getrocknet können sie haltbar gemacht werden.

Es gibt verschiedene Arten der Pflanze, am bekanntesten und verbreitetsten ist die Weiße Maulbeere *(Morus alba)*. Der Name hat nichts mit der Farbe der Früchte zu tun, denn diese können nicht nur weiß sein, sondern auch rosa, violett, rötlich oder schwarz. Sie gelten als weniger aromatisch als die ihrer Verwandten, der Schwarzen Maulbeere *(Morus nigra)*. Ihre Blätter sind Nahrung für Seidenraupen – vor allem deshalb wurde sie bis vor rund 100 Jahren in Europa angebaut. In Deutschland war es vor allem Friedrich II., König von Preußen und Kurfürst von Brandenburg, der im 18. Jahrhundert den Seidenbau förderte. Er ließ Plantagen mit Maulbeerbäumen anpflanzen. Als Alleenbäume sind sie in Brandenburg noch häufig zu finden. Der Baum braucht volle Sonne und durchlässigen alkalischen Boden.

Die Schwarze Maulbeere ist empfindlicher und benötigt mehr Wärme. Sie gedeiht vor allem im Weinbauklima. Wird diese Pflanze im Kübel gezogen, sollte sie ein geschütztes Winterlager erhalten. Eine rote Art der Maulbeere ist *Morus rubra*. Sie ist winterhart. Der Baum wird größer als die anderen Arten, die Früchte sind dunkelrot.

Rote und violette Früchte

Es gibt zahlreiche Sorten der Weißen Maulbeere, nur sehr wenige der Schwarzen, aber viele Hybriden. Die Sorte 'Agate' wächst schnell, hat sehr große, schwarze, mild-süße Früchte. 'Chelsea', eine der wenigen *Morus-nigra*-Sorten, ist auch bekannt als 'King James': eine historische englische Sorte mit großen, intensiv schmeckenden Früchte. 'Emmanuelle' trägt blassviolette Beeren und gilt als robust. 'Illinois Everbearing', eine Kreuzung aus *Morus alba* und *Morus rubra*, lässt sich durch Schnitt klein halten, die Früchte sind dunkelrot. Die Sorte 'Issai' kommt aus Japan, wächst langsam und eignet sich für den Kübel, fruchtet aber reich mit kleinen schwarzen Beeren. 'Macrophylla' zeichnet sich durch sehr große Blätter aus und trägt weiße bis rote Früchte. 'Pendula' ist eher ein Ziergehölz mit hängenden Zweigen. 'Wellington', eine Kreuzung, bietet große schwarze Beeren und reift meist von Anfang Juni bis in den Juli hinein.

Maulbeeren reifen im Juni und Juli. Sie schmecken süß, manchmal etwas fade, und müssen schnell verarbeitet werden. Der Baum wird am optimalen Standort bis zu 15 m hoch, kann aber auch in einer Hecke stehen.

Echte Mehlbeere

(Sorbus aria)

Naturgarten

AUF EINEN BLICK

Nahrung für Bienen und Vögel

Essbar als: Gelee, Marmelade; gemischt mit anderen Obstsorten

Standort: durchlässiger, nährstoffreicher Boden, leicht sauer bis alkalisch; Sonne bis lichter Schatten

Kleine rote Früchte, die winzigen roten Äpfelchen ähneln, hängen im Herbst in dichten Trauben an den Zweigen. Sie sind hellrot und können nach dem ersten Frost geerntet werden – erst dann sind sie weich und süß. Zwar haben die Früchte der Echten Mehlbeere viel Vitamin C, Karotin und Zucker, großer kulinarischer Genuss ist jedoch nicht zu erwarten. Auch kann die Ernte schwierig sein, wenn der Baum ausgewachsen ist. Die Mehlbeere passt also eher in einen Naturgarten, in dem in erster Linie die Tierwelt in den Genuss von Blütennektar und Früchten kommen soll.

Mehlbeere ist auch als Gattungsname bekannt, Ebereschen fallen darunter. Hier ist jedoch die Echte Mehlbeere gemeint. Als Baum, der bis zu 15 m hoch wird, kann sie eine Einzelstellung im größeren Garten bekommen. Bei viel Platz kann sie auch in Gruppen gepflanzt werden, oder auch in eine Wildobsthecke. Sie wächst langsam und lässt sich gut beschneiden. Das Gehölz ist frosthart, mag aber einen eher geschützten, wärmeren Standort und kommt gut mit Stadtklima zurecht. Es braucht Sonne, verträgt aber auch Halbschatten. Im Idealfall ist der Gartenboden neutral, frisch und durchlässig und enthält genügend Nährstoffe. Die Mehlbeere wächst aber auch auf trockenen und kalkhaltigen Böden. Wenn es nicht anders geht, gedeiht sie sogar in einem großen Pflanzkübel.

Befilztes Laub

Die Mehlbeere hat Blätter, die oben glatt und grün, auf der Unterseite jedoch filzartig weiß sind. Sowohl Blüten als auch Beeren sind ein Schmuck im Garten: Im Mai und Juni öffnen sich die cremefarbenen Dolden, von deren Nektar sich Bienen und andere Insekten ernähren. Aus den Blüten entstehen die kleinen hellroten Früchte, die bis zu 1,5 cm groß werden können. Sie sind im Oktober reif. Wer sich die Mühe des Erntens macht, kocht sie mit anderen Früchten zu einer Marmelade, zum Beispiel mit säuerlichen Kochäpfeln wie Boskoop oder mit Zierquitten. Komplett getrocknete Beeren lassen sich auch mahlen und wie Mehl verbacken. Da die Früchte viel Säure enthalten, wurde früher auch Essig aus ihnen hergestellt. Wer nicht auf den Geschmack kommt: Die Früchte werden im Winter gerne von Vögeln gefressen. Die Blätter der Mehlbeere verfärben sich im Herbst gelb.

Beim Kauf sollte darauf geachtet werden, dass es sich um eine fruchttragende Sorte handelt, denn Baumschulen bieten meist Zierformen an – zum Beispiel 'Lutescens' und 'Magnificia'. Die Sorte 'Majestica', mitunter auch als 'Decaisneana' bekannt, bekommt dagegen rote, etwa 1,2 cm große Früchte. 'Gigantea' sieht ihr sehr ähnlich, wächst aber schneller und hat auffallend große Blätter.

Natürliche Hybriden

Eine Verwandte ist die Schwedische Mehlbeere *(Sorbus intermedia)*, deren Blätter eine etwas andere, gelappte Form haben. Ihre Blüten duften eigenartig, die Früchte sind eher länglich im Vergleich zur Mehlbeere, aber auch essbar.

In der Natur verkreuzt sich die Mehlbeere mit der Eberesche *(Sorbus aucuparia)*, woraus Hybriden entstehen, die ebenfalls für den Naturgarten interessant sein können. So gibt es zum Beispiel die Thüringische Mehlbeere (*Sorbus × thuringiaca*), deren Blüten eher unangenehm riechen. Ihre Früchte sind jedoch auch essbar und haben etwas mehr Aroma als die der Mehlbeere. Aus dem hohen Norden kommt eine weitere Hybride, die Finnland-Mehlbeere (*Sorbus × hybrida*). Von ihr gibt es auch eine Sorte, 'Gibbsii', die tiefrote Früchte bekommt, reich trägt und im Herbst besonders schön aussieht.

Die Mehlbeere ist zwar essbar, doch schmeckt sie Vögeln besser als Menschen. Die Früchte sind eine Zierde, genau wie die Blüten im Frühjahr und das gelbe Herbstlaub.

Mini-Kiwis am besten frisch naschen und samt Schale essen! Damit sie tragen, sind sowohl männliche als auch weibliche Pflanzen nötig. Sie ranken stark, lassen sich aber gut leiten und schneiden.

Mini-Kiwi

(Actinidia arguta)

Familiengarten

Wenn die Früchtchen im Frühherbst reif werden, biegen sich die Zweige unter ihrer Last. Das Schöne an den Mini-Kiwis ist: Sie haben keine fusselige braune Haut wie ihre großen Verwandten (*Actinidia chinensis* und *Actinidia deliciosa*), sondern können samt Schale gegessen werden. Sie schmecken süß-säuerlich, enthalten viele Vitamine und sind die idealen Naschfrüchte.

Mini-Kiwis, deren botanischer Name Scharfzähniger Strahlengriffel lautet, brauchen zwar wenig Platz am Boden, dafür umso mehr Raum in Höhe und Breite. Sie klettern kräftig und wachsen schnell. Die Ranken brauchen einen sehr stabilen Halt – mehr als 10 m lang können sie werden. Ideal ist, wenn eine Pergola oder eine Mauer mit stabiler Kletterhilfe im Garten vorhanden sind. Wärme kommt den Pflanzen entgegen, solange sie jung sind. Doch haben sie sich einmal etabliert, sind Mini-Kiwis gut frosthart. Die meisten tragen im dritten Jahr. Zur Befruchtung sind allerdings Pflanzen beiderlei Geschlechts nötig. Die männlichen Pflanzen sind meist wüchsiger, eine reicht für mehrere weibliche aus. Man sollte mit etwas Abstand pflanzen, sonst können die weiblichen Pflanzen überwuchert werden.

Rankende Triebe

Die Ranken der Mini-Kiwi winden sich um die Kletterhilfe und haben glänzende grüne, spitz zulaufende Blätter. Im Mai erscheinen die weißen Blüten, die männlichen sind an den zahlreichen schwarzen Staubgefäßen zu erkennen. Die Bestäubung übernehmen Bienen und Hummeln. Bis zum September wachsen die grünen Früchte, die eigentlich Beeren sind, heran. Sie werden etwa 2,5 cm groß und geerntet, wenn sie sich gelblich oder rötlich verfärben. Frisch können größere Mengen abführend wirken. Mini-Kiwis lassen sich ein paar Tage lagern. Um sie länger aufzubewahren, sollten sie gepflückt werden, ehe sie reif sind. Sie können für Marmelade, Gelee oder zum Backen verwendet werden. Auch trocknen lassen sie sich.

Mini-Kiwis brauchen frischen bis feuchten Boden, der humos, sandig-lehmig und gut durchlässig ist. Er darf leicht sauer bis alkalisch sein. Am besten ist ein windgeschützter Standort in der Sonne oder im Halbschatten. Wer kein wildes Rankendickicht haben möchte, zieht sie ähnlich wie Wein und lenkt einen Trieb in die Höhe und dann horizontal an einer Kletterhilfe, etwa über eine Pergola, oder einen stabilen Draht. Beim Auslichten – am besten im Frühling, bevor die Pflanze austreibt – ist zu beachten, dass Blüten und Früchte am einjährigen Holz erscheinen.

Bestäuber nötig

Es gibt verschiedene Sorten: 'Ambrosia'® bekommt etwas größere, längliche Früchte, die grün bleiben und im Oktober geerntet werden. 'Issai' ist eine Hybride, die selbstfruchtbar sein soll und sich gut für wärmere Lagen eignet. Sie wächst etwas kompakter als andere Mini-Kiwis und bekommt kleine grüne Früchte, die ab Mitte September reifen. Die Sorte 'Ken's Red'® ist eine Hybride mit bräunlich violetter Schale und rotem Fruchtfleisch. Sie wird ab September geerntet. 'Maki'® bekommt kleine bräunliche Früchte, die rotes Fleisch haben und im Oktober reifen. 'Red Jumbo'® ist eine ertragreiche Hybride mit etwas größeren roten Früchten. Die Sorte 'Weiki' ® ist auch als 'Bayern-Kiwi' bekannt und trägt reich. Die Früchte sind etwa 3 cm groß und können im Oktober geerntet werden. Es gibt männliche und weibliche 'Weiki'.

Mini-Kiwis brauchen männliche Bestäuber, zum Beispiel die Sorten 'Nostino' oder 'Romeo'. Auch bei selbstfruchtbaren Sorten wird geraten, eine männliche Pflanze dazuzusetzen, um höhere Erträge zu bekommen.

AUF EINEN BLICK

Rankende Pflanze für Pergola und Mauern, Naschobst

Essbar als: frische Früchte, Marmelade, Gelee, Soße

Standort: frischer bis feuchter, lehmig-sandiger Boden; Sonne bis Halbschatten

Auch als bekannt als: Kiwibeere

Mispel

(Mespilus germanica)

Küchengarten

AUF EINEN BLICK

Hausbaum, Nahrung für Insekten und Vögel

Essbar als: frische Frucht, Mus, Marmelade

Standort: kalkhaltiger, durchlässiger Boden; Sonne bis Halbschatten; windgeschützt

Braune, eigenartige Früchte trägt die Mispel. Sie erinnern an flache braune Äpfel, deren Kelchblätter unten abstehen. Sie laden nicht gerade zum Reinbeißen ein, sind auch in der Tat kein Naschobst. Nach dem ersten Frost oder einer längeren Lagerungszeit sind sie weich und essbar, werden aber meist verarbeitet. Sie enthalten unter anderem Zucker, Fruchtsäure und Vitamin C.

Die Mispel gehört zum Kernobst und ist eines der ältesten kultivierten Obstgehölze, das allerdings lange in Vergessenheit geraten war. Sie wurde in Bauern- und Klostergärten gepflanzt, über die Jahrhunderte sind Fruchtsorten ausgelesen und gezüchtet worden. Die Früchte der wilden Mispel sind mit rund 3 cm nur etwa halb so groß wie die der größten Kulturformen. Das Gehölz eignet sich gut als Hausbaum, der auch in den etwas größeren Vorgarten passt: Es wird etwa 5 m hoch und entwickelt eine ungewöhnliche, flache, gedrückte Krone. Es lässt sich am Spalier ziehen oder in eine Wildobsthecke pflanzen. In einem Topf gedeiht die Mispel nicht, sie braucht schon Gartenboden.

Dekorative Blüte

Die Mispel mag es warm an einem sonnigen bis halbschattigen Platz, der windgeschützt ist. Sonst können Blüten und Blätter Schaden nehmen. Zwar deutet ihr Name an, dass sie in Deutschland heimisch ist, tatsächlich kommt die Mispel ursprünglich jedoch aus südosteuropäischen Regionen. Ein junges Bäumchen übersteht daher den Winter mit einem Frostschutz besser. Der Boden sollte kalkhaltig und durchlässig sein. Besonders ihre weißen Blüten im Mai und Juni sind dekorativ. Sie sind beinahe schon Grund genug, sich die Mispel in den Garten zu holen. Auch sind sie reich an Nektar und daher eine wichtige Nahrungsquelle für die Bienen. Das Laub ist dunkelgrün und hat eine filzige graue Unterseite. Es bekommt eine schöne Herbstfärbung.

Die Früchte sind bräunlich und reifen im Oktober, meist fallen sie dann ab. Die, die hängenbleiben, können nach dem Frost geerntet werden. Denn erst, wenn auch das Fruchtfleisch braun und weich ist, sind sie essbar: Das Fruchtfleisch ist dann mehlig und erinnert im Geschmack an Apfelmus. Alternativ werden die Mispeln im Oktober gepflückt und geschützt im Freien gelagert – nach einigen Wochen sind sie ebenfalls weich. Wenn es schnell gehen soll, werden die Früchte über Nacht ins Gefrierfach gelegt. Man kann sie roh essen. Sie schmecken aber auch gut als Kompott oder mit anderem Obst zu Gelee und Marmelade verarbeitet. Wer wenig Zeit und Lust hat, lässt sie einfach am Baum, denn auch Vögel wie Amseln und Tauben mögen die Früchte.

Pflegeleichtes Obst

Mispeln benötigen wenig Pflege. Sie können allerdings vom Feuerbrand, einer bakteriellen Infektion, befallen werden. Blüten und Blätter verfärben sich dann braun und das Gehölz muss behandelt werden.

Die großfrüchtigen Sorten werden meist veredelt angeboten auf Gehölzen wie Weißdorn, Ebereschen oder auch Birnen. Zu den weitverbreitetsten gehört 'Nottingham', eine alte englische Sorte mit großen Früchten. Die französische Sorte 'Delice des Vannes' ist ebenfalls wüchsig und trägt sehr gut. 'Dutch Giant', oder auch 'Holländische Großfrüchtige', wächst schnell und bekommt etwa 6 cm große Mispeln. Ähnlich groß sind die Früchte der Sorte 'Evreinoff's Monströse'. Die englische 'Royal', auch bekannt als 'Königsmispel', hat kleinere Früchte, trägt aber reich. Die 'Süßmispel' oder 'Kurpfalzmispel' hat ebenfalls kleine Früchte, die aber schon vor dem ersten Frost genießbar sind. Klein und kernlos ist die Sorte 'Apyrena', auch als Kernlose Mispel bekannt. Die Pflanze trägt Dornen.

Die braunen Früchte der Mispel sind essbar, wenn sie matschig werden. Das Gehölz wächst zu einem charaktervollen Baum heran, der im Mai und Juni weiß blüht. Die Mispel passt auch in den Vorgarten.

Ölweide

(Elaeagnus)

Naturgarten

Familiengarten

Wie kleine rote Murmeln sehen die Früchte der Korallen-Ölweide aus: klar, beinahe durchsichtig, aber mit feinen silbrigen Sprenkeln. In großer Fülle hängen sie im Spätsommer und Herbst an den Zweigen. Frisch gepflückt sind sie saftig, schmecken säuerlich-süß mit einem herben, manchmal bitteren Beigeschmack. Ob sie roh gegessen werden, hängt von den Vorlieben ab – gesund sind sie jedenfalls, enthalten neben der Fruchtsäure viel Vitamin C und Zucker. Vögel fressen die Früchte gerne, daher sollte man mit der Ernte nicht allzu lange warten.

Die Ölweide ist nicht nur im Herbst, wenn die Früchte reifen, eine dekorative Pflanze für den Garten. Die Blätter haben meist eine silbrige Unterseite und schimmern hell, auch die Blüten sind im Frühjahr eine Zierde, vor allem aber duften sie. Der Strauch wird bis zu 5 m hoch und 4 m breit, braucht also etwas Platz, wenn er als Solitär gepflanzt wird. Die Ölweide lässt sich aber auch in eine Wildobsthecke integrieren und verträgt einen Schnitt, sodass sie sich für ein Spalier eignet. Die Früchte sind eher säuerlich, bei voller Reife süß-aromatisch und können sowohl frisch gegessen als auch verarbeitet werden: zu Saft, Gelee oder Marmelade.

AUF EINEN BLICK

Naschobst, Nahrung für Insekten und Vögel

Essbar als: frische Frucht, Marmelade

Standort: trockener, lockerer Boden; Sonne bis Halbschatten

Nur wenige Fruchtsorten

Es gibt zahlreiche Arten und Sorten der Ölweide. Doch wenn es um Früchte geht, sollte entweder die Korallen-Ölweide, die Reichblütige, die Schmalblättrige oder die Wintergrüne Ölweide gepflanzt werden. Da sie nicht selbstfruchtbar sind, werden immer mindestens zwei verschiedene Arten oder Sorten benötigt.

Die Korallen-Ölweide *(Elaeagnus umbellata)*, auch als Doldige Ölweide bekannt, trägt besonders viele Früchte, hat jedoch auch Dornen. Ihre gelben Blüten öffnen sich im Juni und duften süßlich nach Honig und locken Bienen an, geerntet werden kann im Oktober. Die Blätter sind dunkelgrün und leicht gewellt mit einer weißlichen Unterseite. Sie fallen im Herbst ab, in besonders milden Regionen bleiben sie am Strauch. Die Korallen-Ölweide verträgt auch trockenen Boden und braucht einen warmen Standort in voller Sonne. Doch ist sie winterhart. Der Strauch wird bis zu 4 m hoch und 3 m breit, lässt sich aber gut beschneiden. Im Handel sind großfrüchtige Sorten wie 'Big Red', 'Brilliant Rose', 'Marzane' oder auch 'Turdus' erhältlich.

Die Reichblütige oder auch Essbare Ölweide *(Elaeagnus multiflora)* blüht und fruchtet etwas früher als die Korallen-Ölweide. Die Blüten erscheinen im Mai, die dunkelroten länglichen Früchte sind schon im Juli und August reif. Das Laub der Reichblütigen Ölweide ist dunkelgrün, etwas breiter und nicht so silbrig wie das der an-

Die Früchte der Ölweide sehen aus wie kleine Murmeln. Kinder können sie bedenkenlos naschen – wenn sie ihnen süß genug sind. Sonst kocht man Gelee daraus oder überlässt sie den Tieren.

deren Arten. Es fällt im Herbst ab, außer in sehr milden Regionen. Die Pflanze kommt am sonnigen wie halbschattigen Standort zurecht, ist winterhart und wird etwa 4 m hoch und breit. Die Sorte 'Sweet Scarlet' hat große Früchte.

Strauch für Einzelstellung

Die Schmalblättrige Ölweide *(Elaeagnus angustifolia)* kommt als Solitärstrauch am besten zur Geltung. Die Pflanze wirkt mediterran, stammt aber aus Asien. Sie treibt Ausläufer und gilt als potenziell invasiv. Das Laub ist schmal und silbrig und fällt im Winter ab. Diese Ölweide blüht ab Mai, die länglichen graubraunen Früchte sind im Oktober reif. Sie erinnern, wie das Laub, an Oliven, daher ist das Gehölz auch als Russische Olive bekannt. Allerdings eignen sie sich weniger zum Essen als die anderen Ölweidenfrüchte. Die Pflanze braucht viel Sonne und verträgt Trockenheit, sie kann 5 m und höher werden und etwa 4 m breit. Die Sorte 'Red King' hat große Früchte.

Die Wintergrüne Ölweide *(Elaeagnus ebbingei)* hat einen anderen Rhythmus: Sie blüht im Herbst duftend und setzt dann säuerliche, aber aromatische Früchte an, die im April geerntet werden können. Der Strauch behält in milden Lagen sein glänzendes grünes Laub und wird bis zu 3 m hoch und breit. Er braucht einen warmen, vor Wind und Wetter gut geschützten Standort und gegebenenfalls einen Winterschutz. Die Sorte 'Limelight' hat gelb-bunte Blätter.

Pawpaw

(Asimina triloba)

Küchengarten

Wer sie zum Fruchten bringt, kommt in außergewöhnlichen Genuss. Die Pawpaw erinnert von außen an eine grüne Mango, aufgeschnitten hört es mit der Ähnlichkeit jedoch schon auf: Sie enthält mehrere quer sitzende, längliche braune Kerne. Das Fleisch wird ausgelöffelt und schmeckt exotisch fruchtig, so als hätten sich Banane, Ananas und Melone mit Mango und Vanille vermischt. Die Pawpaw, auch bekannt als Indianerbanane, ist nicht zu verwechseln mit der Papaya *(Carica papaya)*, die im Englischen mitunter auch als *pawpaw* bezeichnet wird. Sie ist eine der ungewöhnlichsten Wildobstsorten, die im Garten gezogen werden können, doch auch eine der schwierigsten: Zwar ist die Pflanze weitgehend winterhart, setzt jedoch selten Früchte an.

Große, längliche Blätter

Die Indianerbanane ist ein kleiner Baum oder großer Strauch, etwa 5 m hoch und 1,5 m breit. Sie ist sehr dekorativ dank der großen länglichen, herabhängenden Blättern. Als Obstgehölz ist die Indianerbanane eher etwas für Liebhaber und botanisch Interessierte. Sie wächst langsam, was aber auch bedeutet, dass es ein paar Jahre dauert, bis das erste Mal geerntet wird. Meist blüht sie erst im dritten Jahr. Es gibt zwar Sorten, die sich selbst befruchten können, doch sollten besser zwei oder mehr gepflanzt werden. Der Garten darf also nicht allzu klein sein.

Die Blüten sind ungewöhnlich, groß und dunkelrot bis violett. Sie öffnen sich meist in der ersten Maihälfte. Wer sicher sein will, dass eine Befruchtung stattfindet, muss selbst mit dem Pinsel nachhelfen und den Pollen übertragen, denn Bienen interessieren sich nicht sonderlich für die Blüten. Die weiblichen sind an einer grünen Narbe zu erkennen, während die männlichen den braunen Pollenstaub enthalten, der sich leicht mit einem Pinsel aufnehmen lässt. Die Früchte stehen später dicht nebeneinander und wachsen bis Oktober heran, dann werden sie gelblich, beginnen zu duften und können gepflückt werden. Sie bekommen schwarze Flecken, was den Genuss jedoch nicht beeinträchtigt. Wenn das Laub gelb wird, ist der Baum auch im Herbst ein Schmuckstück.

Die Indianerbanane stammt, so tropisch sie wirken mag, aus Nordamerika. Obwohl sie winterhart ist, benötigt sie aber einen geschützten sonnigen Standort. Am besten wächst sie in milden Lagen, wo auch Wein angebaut werden kann. Der Boden sollte nährstoffreich sein und genügend Feuchtigkeit haben. Staunässe mag die Pflanze ebenso wenig wie zu starke Trockenheit.

Die Früchte sind ein gutes Naschobst. Sie werden einfach halbiert und ausgelöffelt, wobei man die Kerne herauspulen muss. Sie enthalten viele Kohlenhydrate, Vitamin C und A. Püriert kann das Fruchtfleisch auch zum Beispiel für Smoothies, Eis oder zum Backen verwendet werden. Frisch halten sich die Früchte nur wenige Tage, daher sollte, wenn möglich, nach und nach geerntet werden.

Die Krone auslichten

Pflege braucht das Gehölz wenig. In den ersten Jahren sollte es nicht der prallen Sonne ausgesetzt und gegen Frost geschützt werden. Auch Pflanzen, die im Topf gezogen werden, brauchen einen Winterschutz. Sollte die Baumkrone nach einigen Jahren zu dicht werden, muss man sie auslichten.

Es gibt verschiedene Sorten der Indianerbanane – vor allem in den USA wird sie gezüchtet. Die Sorten haben größere Früchte als die Wildform. 'Sunflower' zum Beispiel wächst und trägt etwas schneller, ihre Früchte können bis zu 10 cm lang werden. Sie gilt als selbstfruchtbar, ähnlich wie die Sorten 'Prima 1216' und 'Overleese'.

Die Paw Paw ist eine exotische wirkende Schönheit, die aber aus Nordamerika stammt. Mit etwas Glück blüht und fruchtet sie in unseren Breiten. Ideal ist ein warmer, geschützter Standort.

AUF EINEN BLICK

Ungewöhnliche Naschfrucht

Essbar als: frische Frucht, Smoothie

Standort: Weinbaulage; nährstoffreicher, feuchter Boden; Sonne bis Halbschatten

Auch bekannt als: Indianerbanane

Preiselbeere

(Vaccinium vitis-idae)

Küchengarten

AUF EINEN BLICK

Bodendecker, vielseitig verwertbar

Essbar als: Kompott, Marmelade, Saft

Standort: saurer, durchlässiger Boden; Sonne

Ihre Früchte werden bei uns vor allem als süßes Kompott zu Wildgerichten gegessen, oder auch als Marmelade. Vom Strauch genascht sind die leuchtend roten, glänzenden Beeren bitter-herb und ziehen den Mund zusammen, daher werden sie meist verarbeitet. Sie haben viel Vitamin C und passen sowohl zu süßen als auch zu herzhaften Gerichten. Wer sich die Preiselbeere in den Garten holt und dann doch nicht essen mag, tut den Tieren einen Gefallen: Von nicht geernteten Früchten ernähren sich Vögel und Mäuse.

Die Preiselbeere wächst als niedriger, bis zu 30 cm hoher Strauch, der immergrünes, glattes Laub hat. Sie braucht wenig Platz im Garten. Fühlt sie sich aber wohl an einem Ort, entwickelt sie sich zu einem guten Bodendecker. Dafür braucht die Pflanze allerdings ähnliche Bodenbedingungen wie Heidelbeeren, Rhododendron und Heide: sauren Boden, der humos und nicht zu feucht ist. Staunässe verträgt sie nicht. In der Natur wächst sie in Wäldern sowie auf sauren Heide- und Moorflächen. Kann der Garten dies nicht bieten, sollte sie mit der passenden Erde in einen Kübel gepflanzt werden. Sie ist sehr frosthart, verträgt allerdings nicht allzu viel Schatten.

Weißes Fruchtfleisch

Im Mai und Juni blüht die Preiselbeere mit kleinen weißen Glöckchen. Die Beeren werden im August und September reif. Manchmal gibt es zwei Ernten pro Jahr. Die Preiselbeeren haben eine ähnliche Größe wie Johannisbeeren, sind außen rot und haben weißes Fruchtfleisch. Sie sind nicht saftig und enthalten viele Frucht- und Gerbsäuren und Vitamin C. Am besten schmecken sie als Marmelade, Kompott oder Saft. Sie lassen sich auch trocknen und als herbe Beigabe beim Backen oder im Müsli verwenden. Die Blätter werden für Tee getrocknet. Im Handel werden auch „Kulturpreiselbeeren“ angeboten, dabei handelt es sich jedoch um Cranberries *(Vaccinium macrocarpon,* siehe Seite 88*)*.

Es gibt diverse Sorten. 'Erntedank' zum Beispiel wird mit etwa 40 cm etwas höher als die Wildart und kann 2-mal pro Jahr fruchten. 'Koralle' wächst eher aufrecht und wird bis zu 0,5 m hoch. Die Früchte reifen im Oktober. 'Red Pearl' ist wüchsig, bleibt aber niedrig und breitet sich nicht über Ausläufer aus. Ihre Beeren sind etwas milder.

Preiselbeeren haben herbe Früchte, die als Kompott, Marmelade oder auch getrocknet gut schmecken. Am richtigen Standort – mit saurer Erde – entwickeln sie sich zum Bodendecker.

Sanddorn

(Hippophae rhamnoides)

Naturgarten

AUF EINEN BLICK

Nistplatz und Nahrung für Vögel

Essbar als: Marmelade, Gelee, getrocknet

Standort: durchlässiger, eher sandiger Boden; Sonne

Die orangefarbenen Beeren, die dicht an dicht an den Zweigen sitzen, sind im Spätsommer äußerst dekorativ und eine Bereicherung für jeden Garten. Ob man sie aber ernten und essen mag, ist eine andere Frage. Die Zweige sind sehr stachelig, und wenn man keine Vorliebe für Herbsaures hat, macht auch das Wissen um den hohen Vitamin-C-Gehalt den Geschmack nicht wett. Wie gut, dass Vögel die Beeren mögen.

Sanddorn passt – mit Ausnahme einiger kleiner Sorten – nur in den wirklich großen Garten: Er wächst zu einem dichten, bis 6 m hohen und 3 m breiten Strauch heran, der viele Ausläufer bildet. Sie sollten entfernt werden, wenn die Pflanze nicht das ganze Areal erobern soll. Eine Wurzelsperre ist ratsam. Um Früchte zu erhalten, werden außerdem in der Regel mindestens zwei Pflanzen benötigt: eine weibliche und eine männliche. Die weiblichen Pflanzen sind wüchsiger als die männlichen und neigen eher zum Wuchern. Als Naschfrucht eignet sich der Sanddorn nicht, die Beeren müssen verarbeitet werden. Vögel nutzen das stachelige Gehölz gerne als Nistplatz. Fasane und Rebhühner fressen die Früchte, einige Spinnerraupen ernähren sich von den Blättern.

Vom Wind bestäubt

Der Sanddorn blüht im März und April eher unscheinbar und wird durch Wind bestäubt. Die Früchte hängen eng gedrängt zwischen den länglichen, schmalen Blättern, die silbrig scheinen. Je nach Sorte reifen sie zwischen August und Oktober und sind orangegelb bis hellrot. Im Winter fallen sie besonders an den kahlen Zweigen auf, wo sie lange hängen bleiben. Sie sollen bis zu 7-mal so viel Vitamin C enthalten wie Zitronen, wenn sie zur Reifezeit direkt geerntet werden, außerdem Karotin und Fruchtsäuren. Beim Pflücken zermatschen viele der Früchte, was jedoch beim Kochen von Marmelade, Saft oder Gelee wenig ausmacht. Getrocknet schmecken sie im Müsli.

Sanddorn ist frosthart, braucht viel Sonne und gedeiht auf nährstoffarmem, durchlässigem alkalischem Boden, der feucht, aber auch trocken sein kann. Schwerer Lehmboden mit Staunässe ist kein guter Standort, in sandiger Erde dagegen wächst er gut. Der Sanddorn geht eine Symbiose mit bestimmten Bodenorganismen ein, durch die er Stickstoff bekommt. Das Gehölz wächst ohne Schnitt, wird dann aber innen irgendwann kahl, denn Blüten und Früchte bilden sich an den Enden der Triebe am vorjährigen Holz. Werden viele Beeren gewünscht, sollte er regelmäßig beschnitten werden.

Sorten aus DDR-Zeiten

Es gibt zahlreiche Sanddornsorten. Viele sind in der DDR entstanden, wo die Pflanze wegen ihres Vitamin-C-Gehalts seit den 1960er-Jahren in großen Plantagen angebaut wurde.

'Dorana'® ist eher schwachwüchsig mit bis zu 3 m Höhe, trägt reich und hat dunkelorangefarbene Früchte, die ab Ende August reif werden. Die Sorte soll den höchsten Vitamin-C-Gehalt haben. 'Friesdorfer Orange' bleibt mit bis zu 3 m Höhe und 2,5 m Breite etwas kleiner und ist selbstfruchtbar, kann also als Solitär gepflanzt werden. Die Früchte sind orangefarben. 'Frugana' wächst stark, wird etwa 4,5 m hoch und bekommt rötlich orangefarbene Früchte, die im August reifen. 'Leikora' wird etwa 4 m hoch und hat dunkelorangefarbene Früchte, die Mitte September bis Ende Oktober geerntet werden können. 'Hergo' wächst etwa 4 m hoch, die Früchte sind hellorangefarben und werden ab Anfang September reif. Diese Sorte hat weniger Dornen. 'Orange Energy'® wird bis zu 3 m hoch und 2 m breit, die Beeren sind orange bis hellrot.

Alle der genannten Sorten sind weiblich und benötigen eine Bestäuberpflanze, zum Beispiel 'Pollmix' – eine Sorte, die rund 4,5 m hoch werden kann und selbst keine Beeren trägt.

Im Spätsommer trägt der Sanddorn leuchtende Beeren. Sie enthalten viel Vitamin C, sind aber sehr sauer und herb. Das Gehölz braucht Platz und eignet sich nur für den großen Garten.

Japanische Scheinquitte

(Chaenomeles japonica)

Küchengarten

Im Frühjahr trägt sie rote bis lachsfarbene Blüten, im Herbst bekommt sie gelbe Früchte: Die Scheinquitte ist äußerst dekorativ und wird gerne in Vorgärten gepflanzt. Doch sind die Früchte, die dicht am Holz sitzen, essbar. Sie müssen zwar verarbeitet werden, enthalten aber viel Vitamin C.

Die Scheinquitte braucht nicht viel Platz und passt auch in den Reihenhausgarten oder sogar auf den Balkon. Sie ist ein kleiner sparriger Busch mit starren Trieben, der etwa 1 m hoch und genauso breit wird, manche Sorten allerdings auch deutlich größer. In Einzelstellung kommt sie gut zur Geltung, kann als kleine Hecke gezogen oder als Element in eine Wildobsthecke integriert werden. Sie trägt Dornen, was sie bei dichtem Wuchs auch zu einem Schutzgehölz für Vögel macht. Für ein Spalier eignet sich die Scheinquitte weniger, da ihre harten Triebe kaum anpassungsfähig sind. Im Kübel lässt sie sich gut ziehen, wenn sie genügend Erde – mehr als 20 l – und Nährstoffe bekommt.

Gelbe Früchte

Die Scheinquitte stammt aus Asien. Im Garten mag sie einen sonnigen oder auch halbschattigen Platz. Der Boden sollte nicht zu trocken sein, gut durchlässig und schwach sauer bis alkalisch. Die Pflanze ist frosthart. Die Blätter sind spitz zulaufend und glänzend und fallen im Winter ab. Im März und April öffnen sich die Blüten, die Bienen und andere Insekten anlocken. Das Gehölz ist selbstfruchtbar, einige Sorten tragen jedoch besser, wenn sie mit anderen zusammengepflanzt werden. Die Früchte reifen bis in den September und Oktober hinein, sie werden geerntet, wenn sie gelb sind und duften. Manchmal ist die Schale dunkel gesprenkelt. Vorsicht mit den Dornen bei der Ernte! Zum Naschen eignen sich die Früchte genauso wenig wie andere Quitten: Roh ziehen sie alles im Mund zusammen, sind sauer und hart, denn sie enthalten viel Fruchtsäure. Gekocht entfalten sie jedoch ihr volles Aroma. Sie ergeben ein fruchtiges Kompott, aus dem Saft lässt sich Gelee herstellen. Die Früchte können mehrere Monate lagern.

Die Früchte der Scheinquitten lassen sich wie andere Quitten verarbeiten. Das Gehölz bleibt klein und handlich, blüht im Frühjahr rot und passt im ausreichend großen Topf sogar auf Terrasse oder Balkon.

Nordische Zitrone

Scheinquitten sind pflegeleicht. Wenn es um Fruchtertrag geht, sollten sie so wenig wie möglich geschnitten werden, denn das Gehölz blüht und fruchtet am mehrjährigen Holz. Alte Triebe können nach der Blüte herausgeschnitten werden. Im Handel ist die Sorte 'Cido'® erhältlich, die aus Lettland stammt. Sie hat wenig Dornen, wird mit 1,5 m etwas höher und blüht lachsfarben bis hellrot. Die Früchte sollen besonders viel Vitamin C enthalten. Daher ist sie auch als 'Nordische Zitrone' bekannt. Da sie nicht selbstfruchtbar ist, braucht sie eine zweite Sorte in der Nähe.

Es gibt auch eine Chinesische Scheinquitte *(Chaenomeles speciosa)*, die allerdings schneller wächst und mit bis zu 3 m Höhe und 2 m Breite deutlich größer wird. Aus Kreuzungen mit der Japanischen Scheinquitte sind Hybriden *(Chaenomeles superba)* hervorgegangen, zum Beispiel die Sorte 'Fusion'®, die leuchtend rot blüht und 1,5 m hoch wird. Sie wird als Befruchtersorte für 'Cido' empfohlen. 'Crimson and Gold' bekommt dunkelrote Blüten mit gelben Staubgefäßen und wird bis zu 1,2 m hoch und breit. Sie kann Ausläufer treiben. Rosafarben blüht 'Pink Lady', die rund 1,5 m groß wird. Eine ähnliche Größe hat 'Nivalis', eine der seltenen weißblühenden Zierquitten. Diese Sorten blühen etwas später als die Japanische Scheinquitte. Aber auch ihre Früchte sind essbar.

AUF EINEN BLICK

Nahrung für Bienen, besonderes Aroma

Essbar als: Gelee, Kompott, Saft, Konfekt

Standort: nicht zu trockener Gartenboden; Sonne bis Halbschatten

Schlehdorn

(Prunus spinosa)

Naturgarten

AUF EINEN BLICK

Nahrung für Schmetterlinge, Insekten und Vögel, Vogelschutzgehölz

Essbar als: Marmelade, gemischt mit anderen Obstsorten, Gelee, Likör

Standort: trocken bis nass, durchlässig, leicht sauer bis alkalisch; Sonne bis lichter Schatten

Auch bekannt als: Schlehe, Schwarzdorn

Die bläulich schwarzen, bereiften Früchte fallen vor allem im Herbst auf, wenn das Laub sich lichtet. Sie zieren die kahlen dornigen Zweige und bleiben den Winter über hängen, wenn sie nicht geerntet oder von den Vögeln geholt werden. Zwar sind Schlehen alles andere als eine Naschfrucht, ziehen die herb-sauren Früchte doch den Mund zusammen. Gekocht aber werden sie lecker: in Form von Marmelade – gerne gemischt mit anderen Früchten –, Saft oder Gelee, und natürlich als Hochprozentiges in Form von Likör oder Wein. Sie lassen sich auch herzhaft einlegen wie Oliven. Länger gelagert werden sie süßer.

Lebensraum für Tiere

Der Schlehdorn, auch als Schwarzdorn bekannt, ist ein kräftiger Wildstrauch, der bis zu 4 m hoch und breit werden kann. Durch Wurzelausläufer verbreitet er sich schnell und kann sehr dornige Dickichte bilden, die für Vögel und Kleinsäuger einen wichtigen Rückzugsort bedeuten. Der Neuntöter nistet beispielsweise gerne in der Schlehe und nutzt die Dornen, um seine Beute aufzuspießen – Insekten, aber auch Mäuse zum Beispiel. Zwar kann man dem etwas ungestümen Gehölz Einhalt gebieten, für den kleinen Stadtgarten wird es sich trotzdem nicht eignen. Der Schlehdorn gehört in einen weitläufigeren Naturgarten, gerne als Bestandteil einer Wildobsthecke. Dort ist er aber eine sehr ästhetische Bereicherung. Im Frühjahr steht er in voller Blüte, dann kommen die Früchte, die ebenfalls dekorativ aussehen. Für ein Spalier oder einen Pflanzkübel ist er zu sperrig und wüchsig.

Ansprüche an den Boden stellt der Schlehdorn kaum, er kommt mit fast allem zurecht außer mit Staunässe: Die Erde darf trocken oder nass sein, steinig, lehmig, leicht sauer oder auch kalkhaltig – letzteres dankt der Schlehdorn mit gutem Wuchs. Er mag volle Sonne und verträgt einen windigen Platz. Die Blüten öffnen sich vor dem Laubaustrieb im März und April, sie werden vor allem von Schmetterlingen wie dem Tagpfauenauge aufgesucht. Danach erscheinen die grünen ovalen Blätter, die anfangs auf der Unterseite behaart sind. Die Früchte werden ab Mitte September reif, genießbar aber erst nach Frosteinwirkung. Alternativ können sie auch gepflückt und ein paar Tage in die Tiefkühltruhe gelegt werden. Sie sind eher hart und haben einen großen Stein, der fest am Fleisch sitzt. Für Marmelade ist es am besten, sie weichzukochen und durch ein Sieb zu streichen.

Der Schlehdorn ist selbstfruchtbar, trägt aber besser, wenn eine zweite Pflanze in der Nähe ist. Er braucht nicht geschnitten zu werden, aber es

Aus den kleinen sauren, aber aromatischen Früchten des Schlehdorns kann Saft und Marmelade, aber auch Likör hergestellt werden. Vögel sind im Winter allerdings froh über jede Schlehe, die sie finden.

ist ratsam, ihn alle paar Jahre zu verjüngen. Dazu werden die alten Triebe herausgeschnitten oder er wird auf den Stock gesetzt.

Kriecherl und Zibarte

Mittlerweile gibt es verschiedene Sorten, die größere Früchte bekommen: 'Nittel' wächst kompakter als die Wildform, 'Merzig' wird nur etwa 2 m hoch. Beide haben weniger Dornen. Auch einen rotlaubigen Schlehdorn gibt es, die Purpur-Schlehe (*Prunus spinosa* 'Purpurea'). Sie blüht im April weiß und treibt dann dunkelrot aus. Auch ihre Früchte sind nutzbar.

Der Schlehdorn ist eine der Pflanzen, aus denen die heutige Pflaume entstanden ist, und er hat zahlreiche enge Verwandte. Dazu gehören die auch als Kriecherl bekannte, sich durch kriechende Ausläufer verbreitende Haferschlehe, sowie die Zibarte (beide *Prunus domestica* subsp. insititia). Sie tragen deutlich größere Früchte, lassen sich aber ähnlich nutzen. Die Haferschlehe ist zu herb, um unter den Begriff Naschobst zu fallen, schmeckt aber verarbeitet. Die Zibarte bekommt nach den ersten Frösten ein gutes, säuerlich süßes Aroma.

Speierling

(Sorbus domestica)

Küchengarten

AUF EINEN BLICK

Nährt Bienen und Vögel, besonderes Aroma

Essbar als: Mus, Marmelade, Zugabe zum Apfelsaft

Standort: Weinbaulage; kalkhaltiger, lehmiger, eher trockener Boden; Sonne

Sind es Birnen oder doch Äpfel? Aber müssten sie nicht größer sein? Die Früchte des Speierlings sehen aus wie kleine Birnen, manchmal sind sie aber auch rundlicher. Doch hängen sie nicht einzeln, sondern in Trauben an den Zweigen und erinnern damit an überdimensionale Früchte etwa der Eberesche oder der Mehlbeere. Mit ihnen ist der Speierling verwandt, was sich auch beim Laub zeigt. Er zählt zum Kernobst. Beim Reinbeißen zieht sich der Mund stark zusammen, so viele Gerbstoffe enthalten die Früchte. Erst im fast überreifen Zustand lassen sie sich roh essen. Dann schmecken sie ähnlich wie weichgekochte Äpfel. Meist werden Mus und Marmelade daraus gemacht, in Hessen wird der Speierling vor allem dem traditionellen Apfelwein zugesetzt.

Charaktervoller Baum

Der Speierling hat gefiedertes Laub, das im Herbst gelb oder orangefarben wird. Die Rinde erinnert an die der Eiche. Der Speierling wächst gedrungen mit kurzem Stamm und großer Krone. Alte ausgewachsene Bäume sind sehr groß, bis zu 30 m hoch, und können in einem Jahr bis zu 1 000 kg Früchte bringen. Sie sind selten und manchmal, ähnlich wie alte Linden, als Individuen bekannt – etwa der Speierling am Schützenhaus im hessischen Ockstadt, der auch Ockstädter Riese genannt wird und als Naturdenkmal geschützt ist. Bis ein Baum allerdings so groß und mächtig werden kann, vergehen viele Jahrzehnte, sogar Jahrhunderte. Wer einen Speierling als Hausbaum pflanzt, braucht also einen großen Garten und viel Zeit. Meist dauert es rund 10 Jahre, bis ein Bäumchen das erste Mal fruchtet. Bessere Erträge liefert der Speierling, wenn er zu mehreren zusammensteht. Das Grundstück sollte also schon etwas weitläufiger sein, doch dann ist das schön wachsende Gehölz in wärmeren Regionen eine gute Wahl.

Die weißen Blüten, die in Dolden zusammenstehen, öffnen sich im Mai oder Juni und duften stark. Sie bieten Bienen und anderen Insekten Nahrung. Die Früchte reifen bis zum September oder Oktober. Zum Keltern werden im September unreife, sehr herbe Früchte gepflückt. Wer sie anders verwenden will, wartet noch einige Wochen ab. Speierlinge lassen sich ähnlich wie Mispeln lagern und werden weich und teigig. Dann sind sie süßer, es wird ihnen sogar ein Geschmack nachgesagt, der an Marzipan erinnert. Am besten werden die Früchte gekocht und zu Mus oder Marmelade verarbeitet. Gut schmecken sie in Kombination mit Äpfeln. Herabgefallene weiche Früchte werden gerne von Vögeln gefressen.

In Klostergärten gepflanzt

Der Speierling wächst nicht überall: Er braucht Wärme und gedeiht vor allem in Weinbaulagen gut. Darüber hinaus verträgt er kalkhaltigen Boden, der lehmig und eher trocken ist. Zu saure oder nasse Erde macht das Gehölz anfällig für Krankheiten. Es ist gut frosthart, kommt aber auch mit Hitze zurecht und braucht vor allem viel Licht.

Der Speierling wird schon seit Jahrtausenden kultiviert, im Mittelalter soll er in Klostergärten gepflanzt worden sein. Er schien in Vergessenheit geraten und vom Aussterben bedroht, bis er 1993 zum Baum des Jahres gekürt wurde. Das Interesse an dem Baum stieg und der Bestand hat sich durch neue Anpflanzungen stabilisiert.

Bei Speierlingsbäumen wird unterschieden zwischen solchen mit apfelförmigen und solchen mit birnenförmigen Früchten. Es gibt auch Sorten, die allerdings schwer erhältlich sind. 'Bovender Nordlicht' oder 'Sossenheimer Riesen' etwa haben große Früchte in Birnenform.

Die Früchte des Speierlings hängen in dichten Trauben an den Zeigen. Sie ähneln Äpfeln oder Birnen und werden meist als Saft genutzt und dem Apfelwein zugegeben. Die Bäume werden sehr alt und sehr groß.

Die Früchte der Traubenkirsche sind bitter, werden aber von Tieren hoch geschätzt. Für den Garten ist das Gehölz auch wegen seiner schönen weißen Blüten im Frühjahr interessant.

Traubenkirsche

(Prunus padus)

Naturgarten

Wer es gerne bitter mag, wird die Früchte der Traubenkirsche kulinarisch zu schätzen wissen: Sie sind schwarz und rund, enthalten viel Vitamin C sowie Fruchtsäuren und sind äußerst herb. Alle anderen Gärtner überlassen die Früchte den Vögeln und erfreuen sich eher an dem ästhetischen Aspekt der Pflanze, denn die Traubenkirsche ist ein Schmuckstück im Garten. In den meisten Fällen wird sie als Ziergehölz gepflanzt. Denn im Frühjahr sitzt sie über und über voller weißer Blütentrauben, die intensiv duften. Auch die schwarzen Beeren sind sehr dekorativ. Dabei ist ihr Wert für das Ökosystem nicht zu unterschätzen – außer den Vögeln profitieren im Frühjahr auch Insekten von ihr. Sie ist eine der wichtigsten Nahrungsquellen für den Birkenzipfelfalter, eine gefährdete Schmetterlingsart.

Starkwüchsiges Gehölz

Die Traubenkirsche wird bis zu 10 m hoch und 8 m breit, braucht also Platz im Garten. Sie wächst als Strauch oder Baum und kommt in Einzelstellung am besten zur Geltung. Doch auch in eine Hecke passt die Traubenkirsche. Allerdings treibt sie häufig Ausläufer. Für ein Spalier oder den Pflanzkübel eignet sie sich nicht, weil sie sehr starkwüchsig ist. Sie ist das passende Gehölz für den größeren Naturgarten.

Die Blätter der Traubenkirsche sind groß, länglich und haben einen gesägten Rand. Das Holz riecht unangenehm, wenn die Pflanze verletzt wird. Die Blüten öffnen sich im April und Mai und locken Bienen und andere Insekten an. Das Gehölz ist selbstfruchtbar. Den Sommer über reifen die Früchte, die etwa so groß sind wie große Johannisbeeren. Erst sind sie rot und färben sich dann schwarz. Im Juli und August werden sie reif und schnell von den Vögeln geholt. Achtung: Ihre Kerne sind giftig und enthalten Blausäure – wie übrigens auch die Rinde, die Blätter und die Blüten. Das Fruchtfleisch ist jedoch essbar und kann zum Beispiel zu Marmelade oder Saft verarbeitet werden. Die Blätter werden im Herbst gelb.

Die Traubenkirsche ist sehr frosthart, wächst in der Sonne oder im Halbschatten. Am besten gedeiht sie in feuchtem Boden, der kalkhaltig bis schwach sauer sein kann. Er sollte nährstoffreich sein, aber tiefgründig, gut durchlässig und nicht verdichtet, denn damit kommt die Pflanze genauso wenig zurecht wie mit warmem Stadtklima. Beschnitten werden muss sie nicht, nimmt es jedoch auch nicht übel, gestutzt zu werden. Mitunter wird sie von einer Gespinstmotte aufgesucht, die ausschließlich Traubenkirschen befällt und die ganze Äste oder auch den gesamten Baum mit weißen Netzen überzieht.

Rosafarbene Blüten

Es gibt eine rosablühende Traubenkirsche, die Sorte 'Colorata'. Sie bleibt mit bis zu 8 m Höhe und 6 m Breite etwas kleiner. Ihr Laub treibt purpurrot aus und wird später grünlich mit einer purpurfarbenen Unterseite. Die Blüten wirken etwas weniger üppig als die der weißen Form, doch haben sie dafür einen zarten Rosaton. Die Früchte sind schwarzrot und ebenfalls essbar.

Die Spätblühende Traubenkirsche *(Prunus serotina)*, die inzwischen auch in hiesigen Wäldern zu finden ist, stammt aus Nordamerika. Sie ist ein Neophyt, der sich ausbreitet und nicht in den Garten geholt werden sollte: Er wird bekämpft, um zu verhindern, dass er Ökosysteme dauerhaft verändert. Die Pflanze wird größer als die heimische Traubenkirsche, hat glänzende Blätter und blüht, wie der Name andeutet, später. Auch ihre Früchte lassen sich verzehren.

AUF EINEN BLICK

Nährt Insekten und Vögel

Essbar als: Marmelade, Saft

Standort: durchlässiger, feuchter Boden; Sonne bis Halbschatten

Vogel-Kirsche

(Prunus avium)

Naturgarten

AUF EINEN BLICK

Nahrung für Bienen und Vögel, kleine Säugetiere

Essbar als: frische Früchte, Marmelade, Saft

Standort: nährstoffreich, lehmig, eher kalkhaltig; Sonne bis Halbschatten

Sie ist die Wildform unserer Kirschsorten: Die Vogel-Kirsche. Wie für Wildobst typisch, sind die Früchte kleiner und nicht ganz so lieblich wie die der Zuchtformen. Sie sind klein und rot, werden sehr dunkel, fast schwarz, wenn sie reif sind. Manchmal können sie einen herben und leicht bitteren Nachgeschmack haben. Auch haben sie weniger Fruchtfleisch im Verhältnis zum Kern als die hochgezüchteten Sorten. Doch ist die Vogel-Kirsche eine Bereicherung für den Naturgarten. Wenn man die Früchte nicht selbst erntet, freuen sich die Vögel. Sie lieben das Obst – daher trägt die Pflanze auch ihren Namen. Doch auch andere Lebewesen schätzen die Kirschen: Mäuse und Marder, sogar Füchse fressen sie gerne.

Guter Hausbaum

Eine Vogel-Kirsche braucht Platz und eignet sich gut als Hausbaum. Sie ist jedoch nichts für den Vorgarten, den schmalen Reihenhausgarten oder den Balkon. Zwar lässt sie sich durch Schnitt etwas kleiner halten, doch ändert das nichts daran, dass sie ein Baum ist, der von Natur aus bis zu 20 m hoch wird. In den ersten Jahren wächst sie schnell, manchmal auch mehrstämmig, was malerisch aussehen kann. Die Vogel-Kirsche kommt als Solitär am besten zur Geltung, gehört aber auch in eine großzügigere Wildobsthecke, die Vögeln und kleinen Säugetieren etwas zu bieten hat. Für Spalier oder Pflanzkübel eignet sie sich nicht.

Sie ist frosthart und eher genügsam, was den Boden betrifft: Sie kommt fast überall zurecht und wächst auch in nährstoffarmer Erde. Gut durchlässig sollte der Boden jedenfalls sein, gerne auch frisch und lehmig. Die Vogel-Kirsche gedeiht im Halbschatten und in voller Sonne. Die Blätter haben die typische Kirschblattform: länglich zulaufend mit einer Spitze und einem gesägten Rand. Die rötlich braune, glatte Rinde hat eine Besonderheit: Sie löst sich in horizontalen Streifen ab. Aus Wunden und Schnittflächen tritt ein aromatisches Harz aus, das früher zu medizinischen Zwecken genutzt wurde.

Kurze, reiche Blüte

Die weißen Knospen öffnen sich im April und Mai und ziehen Bienen und Hummeln an – ein weiterer wichtiger Aspekt für den Naturgarten. Die Vogel-Kirsche blüht sehr reich, allerdings ist die Pracht schon nach wenigen Tagen vorbei. Wer in dieser Zeit im Urlaub ist, verpasst das Spektakel. Kommt unglücklicherweise ein später Frost, werden die Blüten zerstört und es gibt keine Früchte in diesem Jahr.

Die Kirschen sind im Juli reif, wenn sie eine dunkle Färbung angenommen haben. Sie sind etwa 1 cm groß und damit deutlich kleiner als die meisten Kirschsorten. Aber sie enthalten viele Vitamine und schmecken auch roh gut, wenn die Bitterstoffe nicht überwiegen. Sie lassen sich auch einfrieren und gut in Kuchen backen. Nicht, dass es verlockend wäre, die Steine zu knacken, um die Kerne zu ernten – dennoch ist es gut zu wissen, dass die Samen giftig sind, weil sie Blausäure enthalten. Den Tieren, die sie fressen, macht das nichts aus. Im Herbst wird das Laub gelb oder orangefarben bis hellrot.

Die Vogel-Kirsche wird bereits seit Jahrtausenden kultiviert. Aus ihr sind alle heutigen Sorten hervorgegangen – die Sauerkirsche etwa aus einer Kreuzung von Vogel-Kirsche und Steppen-Kirsche *(Prunus fruticosa)*. Sie ist häufig Veredelungsunterlage für Süßkirschen.

Aus der Vogel-Kirsche haben sich unsere heutigen Kultursorten der Kirschen entwickelt. Die Früchte sind klein und säuerlich bitter, sie sind Nahrung für Vögel, Mäuse und andere Tiere.

Walnuss

(Juglans regia)

Küchengarten

Familiengarten

AUF EINEN BLICK

Langlebiger Hausbaum, Nahrung für Nagetiere

Essbar als: frische Nuss, getrocknet, eingelegt

Standort: Weinbaulage; durchlässiger nährstoffreicher lehmiger Boden; Sonne

Im Spätsommer hängen die grünen, glatten Früchte an den Zweigen. Noch sind sie kaum als Nüsse zu erkennen. Doch wenn sie reif sind und die Schale aufbricht, kommt die Walnuss mit ihrer harten Schale zum Vorschein. Es gibt kaum etwas Schöneres als Nüsse aus dem eigenen Garten. Glück hat, wer schon einen solchen Baum im Garten vorfindet. Denn wer eine Echte Walnuss pflanzt, braucht ein bis zwei Jahrzehnte Geduld, bis die erste richtige Ernte zustande kommt. Veredelte Sorten tragen jedoch schon nach wenigen Jahren.

Die Walnuss ist ein guter Hausbaum, der allerdings Platz braucht. Sie wird bis zu 25 m hoch, die Krone kann einen Durchmesser von 15 m bekommen. Der Garten muss also etwas größer sein. Die köstlichen Nüsse machen wett, dass der Baum sein Laub erst spät im Frühjahr bekommt und es früh wieder verliert. Auch eine außergewöhnliche Herbstfärbung hat er nicht zu bieten – die Blätter werden mattgelb. Bei der Wahl des Standorts ist zu bedenken, dass im Umkreis von Walnussbäumen nicht viel anderes wächst. Ihre Wurzeln bilden einen Stoff, der Keimung und Wachstum anderer Pflanzen hemmt.

Bestäubung durch Wind

Die Walnuss blüht unscheinbar: Die männlichen Blüten, gelbgrüne Kätzchen, öffnen sich im April oder Mai, kurz vor dem Austrieb, danach folgen die unauffälligen weiblichen Blüten. Sie werden durch Wind bestäubt. Mit Ausnahme einiger Sorten kann sich die Walnuss selbst befruchten. Sicherer für einen guten Ertrag ist es aber, eine zweite Sorte zu pflanzen.

Schon im Juni können bereits die ersten, noch grünen Nüsse gepflückt und in Zuckerlösung eingelegt werden. Richtig reif werden die Früchte der Echten Walnuss meist Mitte September bis Mitte Oktober, sie fallen dann vom Baum und auch die grüne Fruchtschale platzt auf, sodass der Same – die Nuss – frei wird. Sie sollten möglichst täglich aufgesammelt werden. Zur besseren Ernte kann der Baum leicht geschüttelt werden. Nüsse, die nicht rechtzeitig in Sicherheit gebracht werden, holen sich Eichhörnchen, Mäuse und Vögel.

Die Nüsse müssen von den Resten der grünen Schale befreit und gut getrocknet werden, zum Beispiel in der Sonne, sonst schimmeln sie. Sie sind nicht ganz so groß wie die mancher Sorten, meist um die 3 cm. Frisch schmecken sie, wenn die Haut von den Kernen abgezogen wird, die sonst den Mund reizt. Gelagert halten sie sich mehrere Monate. Sie haben einen hohen Fettanteil und enthalten die für die Ernährung wichtigen Omega-3-Fettsäuren.

Empfindlich bei Frost

Die Walnuss braucht einen frischen, nährstoffreichen Boden, gerne lehmig-tonig und vor allem tiefgründig. Sie ist frostempfindlich – Blüten, aber auch Blätter können Schaden nehmen – und gedeiht gut in warmem Klima, etwa in Weinbaulagen. In kühleren und feuchteren Regionen entwickelt sie sich nicht so gut. Sie braucht viel Licht, verträgt aber zum Beispiel auch zeitweise sehr nassen Boden.

Wird die Echte Walnuss aus Samen gezogen und nicht veredelt, dauert es rund 15 Jahre, bis sie richtig trägt. Baumschulen bieten jedoch auch zahlreiche Sorten an.

'Axel' trägt besonders große Früchte, die sich allerdings nicht sehr lange lagern lassen. 'Esterhazy II' treibt sehr früh aus und ist nur etwas für milde Lagen, die Früchte sind mittelgroß. 'Franquette' bekommt etwa 4 cm große Nüsse und ist robust. 'Geisenheim 26' oder 'Geisenheimer Klon 26' treibt spät aus und ist daher nicht so frostgefährdet, die Nüsse sind eher klein. Die Sorte 'Rote Donaunuss' hat mittelgroße Nüsse, die von einer rötlichen Haut umgeben sind. 'Weinsberg 1' zeichnet sich durch eine etwas kleinere Baumkrone aus und bekommt große Früchte. 'Weinsberg 2' reift früh, meist Ende September.

Die Walnuss ist der ideale Hausbaum für den größeren Garten. Sie wächst langsam und wird bis zu 25 m hoch. Im Umkreis gedeiht nicht allzu viel, da ihre Wurzeln einen hemmenden Stoff ausscheiden.

Japanische Weinbeere

(Rubus phoenicolasius)

Küchengarten

Familiengarten

Die Japanische Weinbeere sieht der Himbeere sehr ähnlich. Doch sind die Früchte nicht samtig, sondern glasklar und durchscheinend rot. Auch ihr Aroma ist anders: zwar nicht so fruchtig, eher dezent, jedoch erfrischend. Sie sind eine große Bereicherung für den Naschgarten und werden am besten ganz frisch gegessen. Bei reichlicher Ernte, die schon nach wenigen Jahren zu erwarten ist, können die Früchte aber auch zu Saft oder Marmelade verarbeitet werden.

Sperriger Wuchs

Die Japanische Weinbeere gehört in jeden Küchen- und Familiengarten. Der Strauch ist zwar etwas sperrig und nimmt, wenn er wachsen darf, Raum ein. Er wird 2–3 m hoch und genauso breit, seine langen Triebe werden am besten an einem Gerüst befestigt. Optimal ist zum Beispiel eine sonnige Wand oder ein Gartenhaus mit Kletterhilfe. Die Pflanze lässt sich gut am Spalier ziehen, passt aber auch in eine Hecke. Allerdings macht sie Ausläufer, die entfernt werden sollten, wenn sie sich nicht mit der Zeit ganze Gartenbereiche erobern soll. Mit etwas Geschick lässt sich die Japanische Weinbeere auch handlich halten wie ein Johannisbeerstrauch, wobei dann mit einer geringeren Ernte zu rechnen ist. Bei wenig Platz gedeiht die robuste Pflanze auch im Topf. Er sollte mindestens 30 l Erde fassen und im Winter gegen Frost geschützt werden. In Kombination mit Maiglöckchen, die in der Nähe stehen, soll die Japanische Weinbeere angeblich mehr Früchte tragen.

Borsten und Stacheln

Interessant sind die Triebe, die bräunliche Borsten und roten Stacheln tragen. Diese sind aber nicht mit scharfen Brombeer- oder Rosenstacheln zu vergleichen. An den Trieben, die im Vorjahr gewachsen sind, öffnen sich ab Juli hellrosa Blüten. Sie stehen in Rispen zusammen und bieten den Bienen Nektar. Innerhalb weniger Wochen entwickeln sich die Früchte. Sie sind gut geschützt in einer Hülle, die mit rötlichen Drüsen besetzt ist. Sie reifen nach – bis in den frühen September hinein. Geerntet werden sie, wenn sich die Hülle öffnet und sie sich leicht pflücken lassen. Die Blätter bekommen eine Herbstfärbung, was die Pflanze auch zu einem Ziergehölz macht.

Die Weinbeere stammt aus Ostasien und gedeiht auch in wärmeren Regionen Deutschlands, wenn sie einen sonnigen Standort im Garten bekommt. Sie ist winterhart, sollte als junge Pflanze aber noch gegen Frost geschützt werden. Wohl fühlt sie sich auf einem nährstoffreichen Boden, der leicht sauer bis alkalisch ist, gut durchlässig und nicht zu trocken. Die Pflanze braucht wenig Pflege, doch sollten jedes Jahr alte abgeerntete Triebe herausgeschnitten werden.

AUF EINEN BLICK

Naschobst

Essbar als: frische Früchte, Saft, Gelee

Standort: nährstoffreicher und frischer Boden; Sonne bis Halbschatten

Die Japanische Weinbeere ähnelt der Himbeere, wächst am optimalen Standort aber etwas ungestümer. Am besten steht sie vor eine Kletterhilfe, an der die Triebe festgebunden werden.

Weinbergpfirsich

(Prunus persica)

Küchengarten

Familiengarten

AUF EINEN BLICK

Aromatische Früchte

Essbar als: frische Früchte, Kompott, Marmelade

Standort: Weinbaulage; humoser, frischer, nährstoffreicher Boden, kalkarm; Sonne

Auch bekannt als: Weingartenpfirsich

Sie sind sehr pelzig, haben eine dicke Schale, doch ihr Geschmack ist unvergleichlich. Im Gegensatz zu importierten Pfirsichen können die Früchte im eigenen Garten ausreifen, und wenn sie genügend Sonne bekommen, schmecken sie sehr intensiv. Allerdings wachsen sie nicht überall: In diesen besonderen Genuss kommen vor allem Gartenbesitzer, die in einer warmen Weinbauregion leben. Denn dort gedeihen, wie ihr Name schon andeutet, die Weinbergpfirsiche.

Pfirsichbäume werden bis zu 5 m hoch und passen gut auch in den kleineren Garten, den sie im Frühjahr mit ihrer rosafarbenen Blüte bereichern. Ältere Bäume verkahlen leicht und sehen dann nicht mehr so schön aus, was mit einem guten Schnitt aber verhindert werden kann. Pfirsiche lassen sich am Spalier ziehen. Bei wenig Platz können sie auch in einen Kübel gepflanzt werden, sind dann aber anfälliger für Krankheiten. Zudem muss der Topf im Winter vor Frost geschützt werden.

Grüne Früchte

Weinbergpfirsiche blühen früh im Jahr, manchmal schon im März, meist im April. Die Blüten erscheinen vor den länglichen, spitz zulaufenden Blättern. Manchmal nehmen sie Schaden durch Spätfröste, dann gibt es keine Pfirsiche. Die Pflanzen sind selbstfruchtbar. Die Früchte sind erst grün und verfärben sich mit der Reife gelb und rot, manche behalten auch einen Grünton. Geerntet werden können sie meist in der zweiten Septemberhälfte, wobei sie nach und nach reif werden. Sie schmecken frisch sehr gut – wer pingelig ist, schält die dicke pelzige Haut ab. Typischerweise ist das Fleisch der Weingartenpfirsiche dunkelrot, es gibt aber auch gelbe und weiße Sorten. Reif gepflückt lassen sie sich nicht lange lagern, können aber zu Kompott oder Marmelade verarbeitet oder zum Backen verwendet werden. Tipp: Pflücken Sie die Pfirsiche wenige Tage, bevor sie richtig reif sind, und lagern Sie sie kühl, dann halten sie sich einige Zeit.

Der Pfirsich braucht einen geschützten, möglichst warmen Platz, wo er keinen Spätfrösten ausgesetzt ist. Zu trockene Böden oder Staunässe verträgt die Pflanze nicht. Gut gedeiht sie auf einem nährstoffreichen frischen bis feuchten Boden, der am besten kalkarm ist. Dort wächst sie in den ersten Jahren schnell heran. Um dem typischen Verkahlen entgegenzuwirken, bei dem die unteren Äste absterben, sollte der Pfirsich beschnitten werden. Das braucht etwas Fingerspitzengefühl, denn das Gehölz fruchtet am einjährigen Holz – es muss stets genügend junge Triebe für das kommende Jahr geben. Hinzu kommt, dass es auch kurze, dünne falsche Fruchttriebe gibt, die entfernt werden sollten. Die meisten Pfirsiche sind anfällig für die Kräuselkrankheit, bei der ein Pilz die Blätter verformt.

Pfirsiche von der Mosel

Pfirsiche stammen aus China, sind aber seit Jahrhunderten auch in Deutschland heimisch. Die als Weinbergpfirsich bekannten stammen aus der Pfalz, wo sie vor rund 400 Jahren gezogen wurden. An der Mosel sind die Pfirsichbäume wichtiger Bestandteil der Kulturlandschaft. Heute fördert eine Interessengemeinschaft den Anbau und die Vermarktung des Moselweinbergpfirsichs. Auch in anderen warmen Gegenden wächst der Pfirsich und es sind viele kernechte Sorten entstanden, die nach ihrer Herkunft benannt sind. Eine bekannte, weit verbreitete Pfirsichsorte ist 'Kernechter vom Vorgebirge', auch als 'Roter Ellerstädter' bekannt. Ihre Früchte reifen ebenfalls Ende September, haben eine rote Schale und weißes Fruchtfleisch und lassen sich gut lagern.

Weinbergpfirsiche gedeihen in warmen Regionen. Meist ist die Schale etwas dicker, doch schmecken sie aromatischer als andere Pfirsiche. Sie blühen rosa im März oder April.

Weißdorn

(Crataegus)

Naturgarten

AUF EINEN BLICK

Nahrung für Bienen und Schmetterlinge, Vögel und Kleinsäuger

Essbar als: Marmelade, gemischt mit anderen Obstsorten

Standort: frisch bis trocken, kalkhaltig; Sonne oder Halbschatten

Auch bekannt als: Hagedorn

Unzählige kleine rote Früchte, die von weitem wie winzige Hagebutten aussehen, hängen im Herbst an den Zweigen des Weißdorns. Sie sehen nicht nur schön aus, sondern sind Nahrung für viele Vögel und andere Tiere. Doch auch Menschen können sie nutzen: Zwar haben sie nicht viel Aroma und sind mehlig, doch können sie gut mit anderem Obst zu Marmelade gekocht werden. Sie enthalten viele Vitamin C, Zucker und Karotine.

Weißdorn passt nicht in den kleinen Garten, dazu ist er zu raumgreifend. Er wächst sparrig, ist ein interessanter Solitär, eignet sich sowohl für eine Hecke, die geschnitten wird, als auch für eine frei wachsende Wildobsthecke im Naturgarten. Er bildet einen großen dornigen Strauch, der bis zu 6 m hoch und 3 m breit werden kann.

Nahrung für Raupen

Die Blätter sind charakteristisch gelappt und dunkelgrün, sie sind Nahrung der Raupen etlicher Schmetterlingsarten. Im dichten, mit Dornen bewehrten Holz nisten Vögel.

Im Mai verwandelt sich der Weißdorn in eine Wolke aus weißen, cremefarbigen Blüten, die in Schirmrispen stehen. Ihr Nektar lockt Bienen und Schmetterlinge, aber auch andere Insekten an. Die Apfelfrüchte entwickeln sich den Sommer über. Sie sind erst grün, dann werden sie leuchtend rot und können geerntet werden. Das Fruchtfleisch ist gelb. Aus Blättern, aber auch Blüten und Früchten kann Tee hergestellt werden. Getrocknete Früchte können zu Mehl vermahlen werden, ähnlich wie die der Mehlbeere.

Der Weißdorn mag einen sonnigen bis halbschattigen Standort im Garten. Er kommt auch im milden Stadtklima zurecht, wenn genügend Platz ist. Der Boden sollte frisch sein und durchlässig, aber auch auf trockener, vor allem kalkhaltiger Erde gedeiht die Pflanze. Pflege braucht das Gehölz nicht, es kann zwar beschnitten werden, muss aber nicht. Wer sich einen Weißdorn in den Garten holt, sollte ein wachsames Auge haben auf

Anzeichen des Feuerbrands, von dem der Weißdorn befallen werden kann: welkende Blätter, Blüten und Enden der Triebe. Die Pflanze ist frosthart, im Herbst verfärbt sich das Laub gelb bis rot, ehe es abfällt.

Die kleinen roten Früchte des Weißdorns schmecken Vögeln gut, sie lassen sich aber auch zu Marmelade verarbeiten. Weißdorn wächst sparrig und braucht viel Platz, er verträgt Trockenheit.

Einen oder zwei Griffel

Es gibt zwei unterschiedliche Arten: den Eingriffligen Weißdorn *(Crataegus monogyna)* und den Zweigriffligen Weißdorn *(Crataegus laevigata)*. Die Blüte des letzteren besitzt, wie der Name sagt, zwei Griffel, und es gibt zwei Kerne pro Kerngehäuse. Er kommt seltener vor, blüht etwas früher im Mai und die Pflanze soll bis zu 500 Jahre alt werden können, 4- bis 5-mal so alt wie die andere Art. In der Nutzung unterscheiden sie sich nicht.

Die Weißdornsorte 'Stricta' zeichnet sich durch ihren geraden aufrechten Wuchs aus, sie wird bis zu 6 m hoch und 2 m breit. Es gibt auch Weißdornsorten mit gelben Früchten, dazu gehört die seltene Sorte 'Aurea'. Rotblühende Arten sind als Rotdorn bekannt. Dazu zählt zum Beispiel *Crataegus laevigata* 'Paul's Scarlet', die dunkelrote gefüllte Blütendolden trägt und eher ein Ziergehölz ist, das wenige rundliche Früchte bekommt.

Wildäpfel sind eine Zierde im Garten, nicht nur wegen ihrer Früchte, sondern auch wegen der üppigen Blüte im Frühjahr. Sie mögen gerne volle Sonne und können auch als Bestäuber für andere Apfelbäume dienen.

Wildapfel

(Malus)

Naturgarten

Küchengarten

Wenn das Laub abgefallen ist, kommen sie richtig gut zur Geltung: kleine Äpfelchen, die in großer Zahl an den Zweigen hängen. Sie fangen den ersten Raureif ein. Zierender kann ein Gehölz im Winter kaum sein. Aber auch im Frühjahr sind Wildäpfel beinahe atemberaubend schön, wenn sie übervoll mit weißen Blüten stehen. Einige duften sogar. Doch damit nicht genug: Zwar sehen sie besser aus, als sie schmecken, doch sind sie durchaus essbar. Wenn nicht vom Menschen, dann von den Vögeln.

Bestäuber für andere Äpfel

Wildäpfel, oft auch Zier- oder Kirschäpfel genannt, passen beinahe in jeden Garten. Sie schmücken den Vorgarten des Reihenhauses genauso wie den weitläufigen Naturgarten, wo sie in Gruppen zusammengepflanzt werden können. Sie sind gute Hausbäume, gedeihen aber auch im großen Pflanzkübel, der mindestens 50 l Erde fassen sollte. Wildäpfel lassen sich auch am Wildobstspalier ziehen. Nicht zuletzt sind sie geeignete Bestäuber für alle anderen Apfelsorten. Wildäpfel mögen feuchten, nährstoffreichen Boden, der nicht zu schwer sein sollte. Sie stehen gerne in voller Sonne und sind frosthart. Beschnitten werden brauchen sie nicht.

Wildäpfel kommen in Europa, Asien und Nordamerika vor, es gibt zahlreiche Arten. In Baumschulen sind heute vor allem Sorten erhältlich, die korrekterweise eher als Kirschäpfel denn als Wildäpfel bezeichnet werden müssten. Meist werden sie bis maximal 8 m hoch. Im Mai, bis Anfang Juni, blühen sie meist weiß, mitunter rosa und sind eine wichtige Bienenweide. Die Blütenblätter lassen sich frisch oder getrocknet gut als Tee trinken. Die Früchte reifen im Spätsommer und bleiben je nach Sorte einige Wochen im Herbst oder sogar den ganzen Winter über hängen, Vögel fressen sie meist erst, wenn sie nichts anderes mehr finden. Die Äpfelchen sind säuerlich, manche aber sehr schmackhaft und lassen sich zu Saft, Gelee, Mus oder auch Kompott verarbeiten. Wer sie nicht essen mag, verwendet sie als herbstliche Dekoration.

Dekorative Früchte

Die bekanntesten Sorten sind: 'Butterball', die etwa 6 m hoch wird, duftend rosa blüht und aromatische goldgelbe, stellenweise rötliche Früchte bekommt, die im Oktober reif werden. 'Evereste' blüht üppig und trägt später viele orangefarbene Früchte, die im Oktober reif sind und bis Weihnachten hängen bleiben. 'Hopa' ist ein bis zu 4 m hoher Baum, der bronzefarbene Blätter bekommt und bläulich rot blüht. Die Früchte werden etwa 2 cm groß und rot. 'John Downie', eine alte englische Sorte, wird etwa 4 m hoch, hat rosa Knospen, die sich zu weißen Blüten öffnen. Sie trägt reich und bekommt 3 cm große, aprikosen- bis orangefarbene Früchte mit rotem Hauch, die gut schmecken. Sie reifen im August und bleiben meist bis Ende September hängen. Rote, etwa 3 cm große Äpfelchen hat 'Red Sentinel', eine Sorte, die aus Neuseeland stammt. Der Baum wird etwa 3 m hoch. Die Früchte bleiben meist den Winter über am Baum und werden von den Vögeln erst im Februar gefressen. 'Van Eseltine' wächst bis zu 4 m hoch, bleibt aber säulenförmig schmal. Die Sorte blüht rosa, halbgefüllt. Die Äpfel sind gelb bis orangefarben.

Der Holzapfel *(Malus sylvestris)* ist vermutlich eine der Formen, aus denen unsere heutigen Äpfel entstanden sind. Er hat größere Früchte als die meisten der anderen Wildäpfel. Der Baum wird bis zu 8 m hoch und blüht rosa-weiß. Die gelb-grünen Früchte bleiben bis Oktober hängen, sie sind essbar, aber holzig und eher sauer.

AUF EINEN BLICK

Nahrung für Bienen und Vögel, dekorativ

Essbar als: Saft, Gelee, Kompott

Standort: nährstoffreich und feucht; Sonne bis Halbschatten

Auch bekannt als: Zierapfel, Kirschapfel

Wildrosen

(Rosa)

Naturgarten

AUF EINEN BLICK

Nahrung für Insekten und Vögel, Schutzgehölz

Essbar als: frische Frucht, Marmelade, Saft

Standort: trockener, nährstoffreicher Boden; Sonne.

Leuchtend rot, rund und appetitlich sehen die Hagebutten der Kartoffel-Rosen im Spätsommer aus. Das Fruchtfleisch ist tatsächlich süß und fruchtig, es zergeht auf der Zunge. Eine Köstlichkeit – wären da nicht die ganzen Kerne. So viel Juckpulver braucht niemand. Den Vögeln macht das nichts, sie picken die Früchte auf und fressen sie dann leer. Menschen müssen sich etwas einfallen lassen, um das Fruchtfleisch von den behaarten Nüsschen zu trennen. Bei anderen Rosen ist es zugegebenermaßen noch schwieriger – doch die Mühe lohnt sich. Die Früchte enthalten viel Vitamin C und ergeben leckere Marmelade.

Ergiebige Hagebutten

Zwar hat die Kartoffel-Rose die ergiebigsten Hagebutten, doch auch viele andere Wildrosen tragen Früchte, die es sich zu ernten lohnt. Die Gehölze passen fast in jeden Garten, solange er genug Sonne bekommt und etwas mehr als Handtuchgröße hat. Viele Rosen sind jedoch sehr wüchsig und darüber hinaus mit Stacheln bewehrt – von den feinen nadelartigen der Kartoffel-Rose bis hin zu den fast schon säbelartigen, scharfen der Wein-Rose. Das kann Schnitt und Hagebuttenernte schmerzhaft machen. Gut eignen sie sich für eine Einzelstellung oder, bei mehr Platz, für Hecken, die nicht nur schön aussehen, sondern auch Vögeln und kleinen Säugetieren Lebensraum bieten. Im Topf entfalten sich Wildrosen nicht, der Wurzelraum ist ihnen zu beengt.

Die Blüten erscheinen meist im Frühsommer und sind eine wichtige Nektarquelle für Bienen. Die Früchte reifen im Spätsommer bis Herbst. Die meisten schmecken frisch gut, am aromatischsten sind sie, wenn sie schon weich werden. Um die Nüsschen zu entfernen, werden sie am besten gekocht und durch ein feines Sieb passiert. Die Hagebutten ergeben leckere Marmelade oder Gelee, gut auch gemischt mit Äpfeln. Sie können getrocknet und dann als Tee aufgegossen werden.

Rosen kommen mit fast allen Böden zurecht. Ideal sind eher trockene, nährstoffreiche, lehmige, leicht saure bis kalkhaltige Standorte in der Sonne.

Konkurrenz unter Rosen

Die robuste Kartoffel-Rose *(Rosa rugosa)* stammt ursprünglich aus Asien, ist bei uns aber längst weit verbreitet. Sie gilt inzwischen als invasiv – an den Küsten verdrängt sie unter anderem die heimische Bibernell-Rose *(Rosa spinosissima)* –, ist jedoch wegen ihrer duftenden Blüten und Hagebutten geschätzt. Sie wächst bis zu 1,75 m Höhe und 1,5 m Breite und blüht ab Juni. Die fleischigen Hagebutten bilden sich ab August. Die Hunds-Rose *(Rosa canina)* wächst kräftig und wird bis 3 m hoch und 3 m breit. Sie blüht im Mai, Juni, manchmal auch Juli, die Blüten sind hellrosa und duften leicht. Die Hagebutten sind länglich und im Oktober und November reif. Die Pillnitzer Vitaminrose 'Pi Ro 3', eine Züchtung aus der DDR, wird bis zu 4 m hoch und breit, sie hat wenig Stacheln und große Blüten. Die Hagebutten sind länglich und enthalten besonders viel Vitamin C. Die Essig-Rose *(Rosa gallica)* bleibt eher klein mit etwa 1,5 m Höhe und Breite, treibt dafür aber Ausläufer. Sie blüht im Juni und Juli pinkfarben und duftend. Die Hagebutten sind orangebraun und erscheinen im September und Oktober. An einem warmen Ort ist die Rose wintergrün. Die Hecht-Rose *(Rosa glauca)* wird bis 3 m hoch und 1,5 m breit, neue Triebe und Blätter sind bläulich rot. Die Blüten öffnen sich im Juni und Juli und sind rosafarben mit weißer Mitte. Bis zum August bilden sich die kugelförmigen Hagebutten. Sie braucht einen warmen Platz. Die Wein-Rose *(Rosa rubiginosa)*, auch als Zaun-Rose bekannt, wird bis zu 2,5 m hoch und breit, ihr Laub duftet bei feuchtem Wetter nach Äpfeln. Die Unterseite der Blätter ist rostfarben, die rosafarbenen Blüten im Juni duften. Die Hagebutten sind länglich und orangefarben und bleiben lange an den Zweigen hängen.

Erst duftende Blüten, dann schmackhafte Früchte: Wildrosen haben viele Vorzüge und passen fast in jeden Garten. In eine Reihe gepflanzt, bilden sie bald eine dichte, undurchdringliche Hecke.

Service

Blüh- und Erntekalender

Wann blüht das Wildobst und wann ist es reif? Blüte Ernte

Kann je nach Standort oder Sorte variieren!

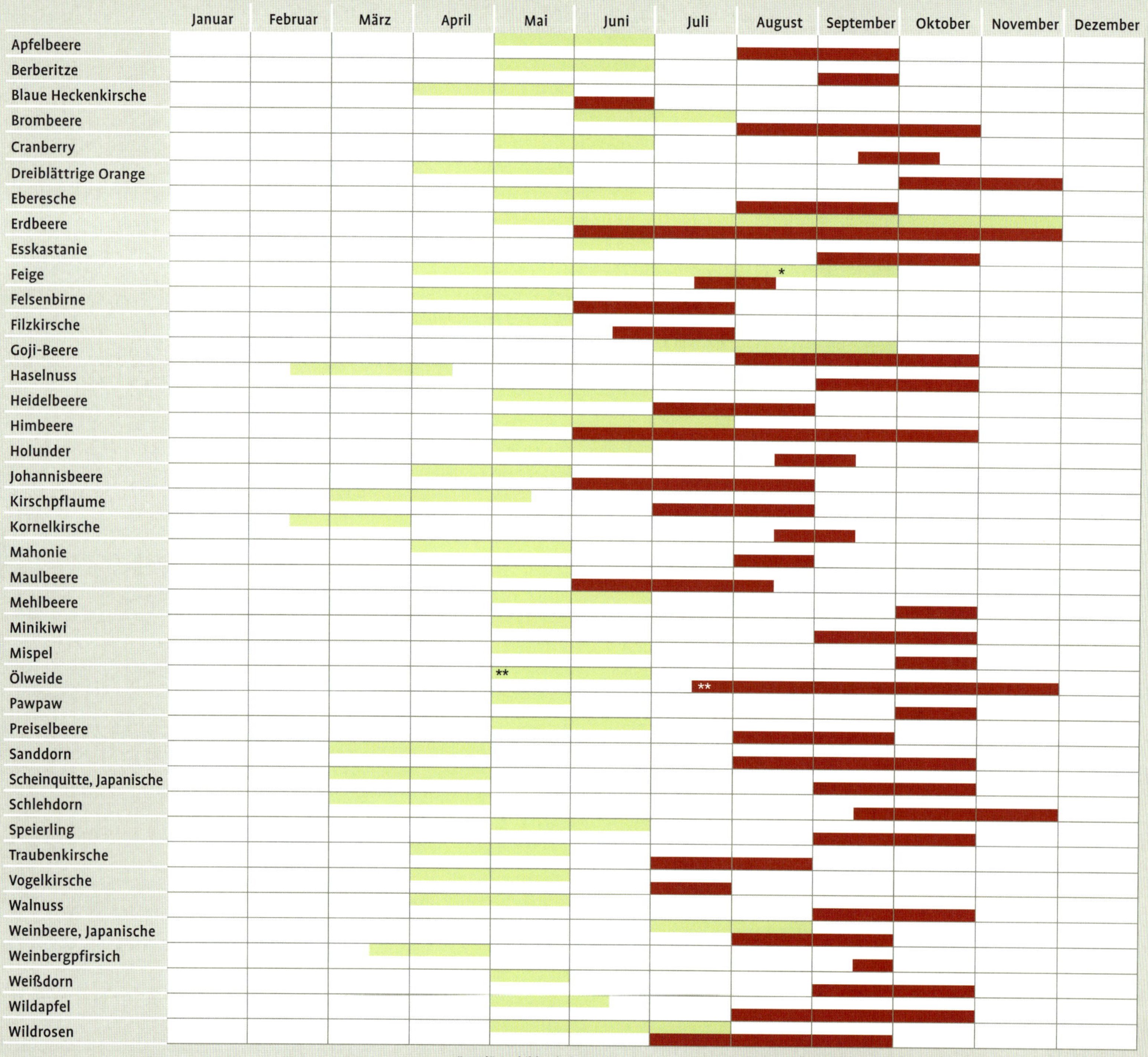

*späte Blüten bilden keine Früchte aus

**Die Reichblütige Ölweide blüht und fruchtet früher als die Korallen-Ölweide

Glossar

Alkalisch: Alkalische oder basische Böden haben einen hohen Kalkgehalt, ihr pH-Wert liegt zwischen 7 und 14.

Auf den Stock setzen: Komplett zurückschneiden, um die Pflanze zu verjüngen.

Diesjähriges Holz: Zweige und Triebe, die in diesem Jahr gewachsen sind.

Einhäusig (monözisch): Eine Pflanze trägt weibliche und männliche Blüten.

Einjähriges Holz: Zweige und Triebe, die im vergangenen Jahr gewachsen sind. Sie sind holzig im Gegensatz zu den weichen neuen Trieben.

Feuchter Boden: Er ist dauerhaft feucht, etwa in Nähe eines Teichs.

Frischer Boden: Der Boden ist stets ein bisschen feucht. Pflanzen, die diesen Standort brauchen, vertragen weder Staunässe noch anhaltende Trockenheit.

Frosthart: Die Pflanzen vertragen Minusgrade.

Halbimmergrün: Diese Pflanzen behalten in milden Wintern ihr Laub, in kalten werfen sie es ab.

Halbstrauch: Ein Gehölz, das zum Teil verholzt ist. Junge Triebe sterben im Winter ab und kommen im Frühjahr neu.

Lehmboden: Er besteht zu gleichen Teilen aus Ton, Sand und Schluff. Lehmboden hält Wasser und Nährstoffe und ist ein guter Gartenboden.

Lentizellen: Korkporen, die wie kleine Ausstülpungen aussehen. Bei Äpfeln können sie auf der Schale sitzen.

Mehrjähriges Holz: Zweige und Äste, die vor zwei oder mehr Jahren gewachsen sind.

Sammelnussfrucht: Was als Frucht erscheint, ist eigentlich eine Ansammlung mehrere Früchte, etwa bei der Hagebutte, aber auch bei der Erdbeere: Die winzigen Nüsse sind die eigentlichen Früchte.

Sammelsteinfrucht: Viele kleine Früchte stehen nebeneinander und wirken wie eine. Beispiele sind Brombeeren und Japanische Weinbeeren, aber auch Apfelbeeren.

Sandboden: Loser, luftiger Boden, gut durchlüftet und durchlässig, speichert aber wenig Wasser und Nährstoffe.

Saurer Boden: Saure Böden enthalten kaum Kalk, ihr pH-Wert liegt unter 5,5.

Selbstfruchtbar: Die Pflanze braucht keine Befruchterpflanze.

Solitärstrauch: Ein Strauch, der in der Baumschule schon mehrfach verpflanzt wurde und mehr Äste und Seitenzweige hat als ein einfacher Strauch.

Tiefgründiger Boden: Die Bodenschicht, in der Pflanzen gut wurzeln können, ist 0,5–1 m dick.

Tonboden: Sehr feinkörniger, fester Boden, enthält viel Wasser und Nährstoffe, die die Pflanzen oft nicht nutzen können.

Wildtriebe: Bei Veredelungen Triebe, die aus der Unterlage kommen.

Winterhart: Pflanzen, die aus anderen Breiten kommen, vertragen am neuen Standort Minusgrade.

Wurzelnackt: Die Pflanze wird ohne Erdballen um die Wurzeln verkauft.

Zweihäusig (diözisch): Eine Pflanze hat entweder männliche oder weibliche Blüten. Um Früchte zu erhalten, müssen männliche und weibliche Pflanzen vorhanden sein.

Bezugsquellen

Bioland-Baumschule Aloys Pöhler
Flachsmoor 1
49685 Höltinghausen
Tel. 04473-1335, Fax 04473-6435
info@bioland-baumschule.de
www.bioland-baumschule.de

Bioland-Kräuter- und Wildpflanzengärtnerei Strickler
Lochgasse 1
55232 Alzey-Heimersheim
Tel. 06731-3831 bzw. 0171-6402249, Fax 06731-3929
strickler@t-online.de
www.gaertnerei-strickler.de

Baumschule Horstmann
Bergstraße 5
25582 Hohenaspe
Tel. 04892-89 93 400, Fax 048 92-89 93 444
info@baumschule-horstmann.de
www.baumschule-horstmann.de

Baumschule Upmann
Mönchsweg 3
33803 Steinhagen/Ströhn
Tel. 05204-80349, Fax 05204-7320
www.baumschule-upmann.de

Bio-Baumschule Walsetal
Kreisstr.13
37318 Dietzenrode-Vatterode
Tel. 036087-90060 bzw. 0151-15415755,
Fax 036087-90061
laesker-bauer@baumschule-walsetal.de
www.baumschule-walsetal.de

Bioland Baumschule Pflanzlust
Niederelsungerstr. 23
34466 Nothfelden
Tel. 05692-8635, Fax 05692-2088
pflanzlust@t-online.de
http://www.biobaumversand.de

Deaflora Aromagärtnerei
Dr.-Wolff-Straße 6
14542 Werder Havel OT Glindow
Tel. 03327-571519
info@deaflora.de
www.deaflora.de

Eggert Baumschulen
Baumschulenweg 2
25594 Vaale
Tel. 04827-932627, Fax 04827-932628
verkauf@eggert-baumschulen.de
Homepage: www.Eggert-Baumschulen.de

Friedersdorfer Baumschulen (Sanddorn)
Müller & Twisselmann GbR
Berliner Str. 38
15754 Heidesee – OT Friedersdorf
Tel. 033767-30300, Fax 033767-30301
mut@baumschule-friedersdorf.de
www.baumschule-friedersdorf.de

Gärtnerei Umbach (Goji)
Klinge 2/Staufenberger Weg
D-74074 Heilbronn
Tel. 07131-589600, Fax 07131-5896014
info@gaertnerei-umbach.de
www.gaertnerei-umbach.de

Literatur

Bundessortenamt (1999): Beschreibende Sortenliste 1999 Wildobstarten.
Abrufbar im Internet unter: https://goo.gl/5e7LuZ (abgerufen am 22.02.2016).

Boomgaarden, H./Oftring, B./Ollig, W. (2011): Natur sucht Garten: 35 Ideen für nachhaltiges Gärtnern. Verlag Eugen Ulmer, Stuttgart.

Griebl, N. (2015): Naturnah gärtnern. Die 140 wertvollsten Pflanzen für den Naturgarten. Haupt Verlag, Bern.

Löser, E./Löser, F. (2009): Wildfrüchte: Sammeln & Verarbeiten zu Marmeladen und mehr. Demmler Verlag.

Mayer, E./Diewald, M. (2012): Die besten Wildfruchtrezepte: Süß und pikant. Leopold Stocker Verlag, Graz.

Pirc, H. (2009): Wildobst und seltene Obstarten im Hausgarten. Leopold Stocker Verlag, Graz.

Pirc, H. (2015): Enzyklopädie der Wildobst- und seltenen Obstarten. Leopold Stocker Verlag, Graz.

Sauer, S. (2002): Nutzung der Früchte von heimischen wildwachsenden Gehölzen sowie von Ziergehölzen als Wildobst. Schriftliche Hausarbeit im Rahmen der Ersten Staatsprüfung für das Lehramt für die Sekundarstufe I & II, Universität Duisburg-Essen. Abrufbar im Internet unter: https://goo.gl/AY9CBh (abgerufen am 22.02.2016).

Zeitlhöfler, A. (2008): Wildobst für den Hausgarten. Cadmos Verlag, Schwarzenbek.

Dank

Das Thema Wildobst hat mich schon lange fasziniert. So interessant es ist, Quellen gab es nur wenige. Dank daher an die Experten, die Ihr Wissen so großzügig weitergegeben haben: Baumschulinhaber Aloys Pöhler aus Höltinghausen, Gärtnereiinhaber Friedhelm Strickler aus Alzey und Wildobstfachmann Burkhard Kayser aus Minden. Mein Dank geht auch an Dr. Helmut Pirc, der die bedeutendsten und äußerst detaillierten Nachschlagewerke zum Thema Wildobst verfasst hat. Dank nicht zuletzt auch an meine Familie, die mich so geduldig unterstützt hat. Ohne Sie alle wäre dieses Buch nicht entstanden!

Bildquellen

Borstell, Ursel: S. 14, 23 re.
botanikfoto, Steffen Hauser: S. 54 re., S. 55 M.li.
Colourbox.de: U4 M.o. / S. 24 re., 25 li., 25 re., 32, 36, 43 M.re., 43 M.re., 64 M.re., 65 li., 83, 93, 99, 109, 111, 115, 121, 123, 137
Flora Press: Derek St. Romaine S. 71 / Digitalice Images S. 74 / gartenfoto.at S. 48 / Neil Sutherland S. 77 li. / Royal Horticultural Society S. 69
Junker, Gerhard: S. 41 re. u., 62 M.
OKAPIA, Hans Reinhard: S. 150
Imago: S. 63 re.
mauitius images: U4 u., M.u. / S. 8/9, 10, 11, 12, 16, 18, 19, 26/27, 30, 35, 37, 38, 47, 50, 54 M.re., 54 re., 55 li., 55 M.re., 55 re., 59 o., 59 re.u., 64 li., 64 li., 64 M.li., 65 M.re., 65 re., 68, 70, 72, 73, 75, 91, 101, 105, 125, 126, 131, 132, 135, 147, 153
Shutterstock.com: Agnes Kantaruk S. 60 / Aleksei Marinchenko S. 17 / alexmak72427 S. 42 M.li. / AnLe S. 96 / Anna Shkolnaya S. 59 li.u. / Artur_eM S. 149 / Artush S. 54 M.li. / Bildagentur Zoonar GmbH S. 22 li. / Daniel Gale S. 49 / Digoarpi S. 141 / Ekaterina Smirnova S. 33 / Franz Peter Rudolf S. 34 / Ingrid Maasik S. 53 / Irina Borsuchenko S. 102 / LianeM S. 144 / Manfred Ruckszio S. 88 / MNStudio S. 44/45 / Perutskyi Petro S. 155 / petrovichlili S. 43 re. / Rafal Fabrykiewicz S. 65 M.li.,165 / Raimo Lielbriedis S. 57 / rodimov S. 76 li. / Shulevskyy Volodymyr S. 95 / tesdei S. 118 / Tobias Arhelger S. 77 re. / tongo51 S. 66/67 / UbjsP S. 160/161 / Vera Kalyuzhnaya S. 143 / Vera Petruk S. 42 li. / Verkhovynets Taras S. 61 / vindbergv Titelbild / Volga S. 78/79 / waldru S. 46 / www.BillionPhotos.com S. 76 re.
Sperl, Ina: mit freundlicher Genehmigung der Gärtnerei Pöhler S. 6, 20, 22/23, 25 M.li., 28, 29, 52, 56, 62 li., 62 re. 63 li., 87, 117, 156 / mit freundlicher Genehmigung der Gärtnerei Strickler S.4/5, 7, 13, 21, 24 li., 24 M.li., 24 M.re., 25 M.re., 31, 39, 42 M. re., 42 M.li., 43 re., 43 M.li., 81, 107, 112, 138, 159, 163
Strauss, Friedrich: S. 51
Zoonar: Alfred Nesswetha S. 41 li. (U4 o.) / Dimanchik S. 84 / Frank Hecker S. 41 re. / LianeM S. 129

Schnell nachgeschlagen

Impressum

Die in diesem Buch enthaltenen Empfehlungen und Angaben sind von der Autorin mit größter Sorgfalt zusammengestellt und geprüft worden. Eine Garantie für die Richtigkeit der Angaben kann aber nicht gegeben werden. Autor und Verlag übernehmen keinerlei Haftung für Schäden und Unfälle.

Bibliografische Information der Deutschen Nationalbibliothek
Die Deutsche Nationalbibliothek verzeichnet diese Publikation in der Deutschen Nationalbibliografie; detaillierte bibliografische Daten sind im Internet über http://dnb.d-nb.de abrufbar.

Wollgrasweg 41, 70599 Stuttgart (Hohenheim)
E-Mail: info@ulmer.de
Internet: www.ulmer-verlag.de
Konzeption und Projektmanagement:
seitenWerk - publishing by ute rather, Hamburg
Lektorat: Alessandra Kreibaum, Helen Haas
Umschlagentwurf: red.sign, Stuttgart: Anette Vogt
Satz: red.sign, Stuttgart: Susanne Junker
Druck und Bindung: Firmengruppe APPL, aprinta Druck, Wemding
Printed in Germany

ISBN 978-3-8001-0366-9